Schüler
Aspekte des Innovationsmanagements

Wolfgang Schüler (Hrsg.)

Aspekte des Innovationsmanagements

Beiträge von Horst Albach, Friedrich Baur,
Jürgen Schrader und Dieter S. Koreimann

GABLER

CIP-Titelaufnahme der Deutschen Bibliothek

Aspekte des Innonvationsmanagements/
Wolfgang Schüler (Hrsg.). Beitr. von Horst Albach ... – Wiesbaden: Gabler, 1991

ISBN-13: 978-3-409-13205-3   e-ISBN-13: 978-3-322-84374-6
DOI: 10.1007/978-3-322-84374-6

NE: Schüler, Wolfgang [Hrsg.]; Albach Horst

Der Gabler Verlag ist ein Unternehmen der Verlagsgruppe Bertelsmann International.

Höchste inhaltliche und technische Qualität unserer Produkte ist unser Ziel. Bei dieser Produktion und Verbreitung unserer Bücher wollen wir die Umwelt schonen: Dieses Buch ist auf säurefreiem und chlorarm gebleichten Paier gedruckt. Die Einschweißfolie besteht aus Polyäthylen und damit aus organischen Stoffen, die weder bei der Herstellung noch bei der Verbrennung Schadstoffe freisetzten.

Die Wiedergabe von Gebrauchsnamen, Handelsnamen usw. in diesem Werk berechtigt auch ohne besondere Kennzeichnung nicht zu der Annahme, daß solche Namen im Sinne der Warenzeichen- und Markenschutz-Gesetzgebung als frei zu betrachten wären und daher von jedermann benutzt werden dürften.

Satz: Satzsstudio RESchulz, Dreieich-Buchschlag

Vorwort

Das Management von Innovationen wird für Unternehmen, die erfolgreich am Markt bestehen und darüber hinaus wachsen wollen, zur zentralen Führungsaufgabe. Diese Aufgabe hat viele Aspekte; mit einigen davon, die uns besonders wichtig erscheinen, befassen sich die Beiträge dieses Bandes.

Alle diese Beiträge wurden ursprünglich als Referate bei Kontaktseminaren zur Unternehmensführung präsentiert, die an der Universität Bielefeld veranstaltet werden, um Theorie und Praxis zu fruchtbarem Austausch über aktuelle Probleme des Managements zusammenzuführen. Die hohe Resonanz, die diese Referate dabei fanden, gab Anlaß zu ihrer Zusammenfassung in dieser Publikation. Praktiker, die Innovationen gestalten, Wissenschaftler, die die Bedingungen solcher Gestaltung analysieren, und Studierende der Betriebswirtschaftslehre, die Einblicke in einige Kernfragen gewinnen möchten, bilden daher auch den Leserkreis, an den sich dieses Buch wendet.

Wertvolle Hilfe zur Fertigstellung des Bandes haben geleistet Frau Andrea Klindt-Reuter bei der Reinschrift, Herr Dr. Dirk Hoppen bei der Aufbereitung von Graphiken und meine Frau, Dipl.-Volkswirt Liselotte Schüler, bei Schlußredaktion und Korrektur. Ihnen sei für ihr Engagement ebenso herzlich gedankt wie Frau Dipl.-Kfm. Ute Arentzen und Frau Dipl.-Kfm. Gudrun Böhler vom Betriebswirtschaftlichen Verlag Dr. Th. Gabler für die gute Zusammenarbeit.

WOLFGANG SCHÜLER

Inhaltsverzeichnis

Autorenverzeichnis

Horst Albach

Dr. rer. pol., Dr. h.c. mult., ist Professor der Betriebswirtschaftslehre an der Freien Universität Berlin und Direktor des Forschungsschwerpunkts „Marktprozeß und Unternehmensentwicklung" im Wissenschaftszentrum Berlin für Sozialforschung.

Friedrich Baur

Dr.-Ing., ist Geschäftsführer der MST Beteiligungs- und Unternehmensberatungs-GmbH, München, und Mitglied des Aufsichtsrates der Zahnradfabrik Friedrichshafen AG, deren Vorstandsvorsitzender er zuvor war.

Dieter S. Koreimann

Dr. rer. pol., Dipl. Wirtsch.-Ing., ist Leiter Verbandsbeziehungen der IBM Deutschland GmbH, Stuttgart, und Lehrbeauftragter an der European Business School.

Jürgen Schrader

Dr. rer. pol., ist Director der McKinsey & Company, Inc., in Düsseldorf.

Wolfgang Schüler

Dr. rer. pol., ist Professor für Betriebswirtschaftslehre an der Universität Bielefeld.

Wolfgang Schüler

Einführung

I.

„Als Ludwig XII. fragte, was man zum Kriegführen brauche, antwortete Marschall Trivulzio: ‚Drei Dinge braucht man, Sire, Geld, Geld und abermals Geld.‘ Wenn mich heute jemand fragte, was man zur Aufrechterhaltung der Wettbewerbsfähigkeit unserer Unternehmen braucht, würde ich antworten: Innovationen, Innovationen und nochmals Innovationen."

Pointierter als mit diesem Zitat aus einer Arbeit von Horst Albach (1989, S. 1339) kann man Aktualität und Bedeutung des Problemkreises „Innovationsmanagement" wohl kaum herausstellen, zu dem der vorliegende Band einige wichtige Aspekte beiträgt. Doch es kommt ganz entscheidend darauf an zu verstehen, warum die zitierten Sätze sehr viel mehr sind als ein schönes Bonmot.

Mit Innovationen meint man zunächst einmal die Entwicklung neuer Produkte und ihre Einführung und Durchsetzung am Markt. Logische Voraussetzung für diesen Markterfolg ist es, daß Kunden mit der Inanspruchnahme dieser Produkte eine Steigerung des eigenen Nutzenempfindens verbinden. Das Bestreben, den Kundennutzen zu erhöhen, wird damit zum Ausgangspunkt unternehmerischen Denkens.

Man kann diese Einsicht wohl nicht deutlich genug artikulieren – auch im Hinblick darauf, daß zeitgenössische Kulturkritik unser Wirtschaftssystem gern als moralisch nicht eben schätzenswert darstellt, weil es sich (so etwa Erich Fromm in seiner bekannten Arbeit über „Haben oder Sein") auf „Egoismus, Selbstsucht und Habgier", also auf verwerfliche Charaktereigenschaften gründe, mit denen man in der Konsequenz allen anderen – nicht zuletzt also auch den Kunden – nur feindselig gegenübertreten könne. Daß sich aus solchen Maximen nie und nimmer ein Konzept für eine dauerhaft tragfähige Unternehmenspolitik ableiten läßt, würde manchen, der in diesen Kategorien denkt, vermutlich sehr überraschen.

Erfolg im Sinne einer Akzeptanz der eigenen Leistung durch die Kunden und Gewinn als daraus resultierende, abgeleitete Größe – dies ist der Schlüssel zum Verständnis auch der Bedeutung von Innovationen. Dieser Gedanke verdeutlicht zugleich, daß der Begriff der Innovation nicht auf die technische Neuerung, die Erfindung im üblichen Sinn beschränkt bleiben müßte, sondern daß sich letztlich auch Dienstleistungsunternehmen (Banken und Versicherungen, Berater und Verwaltungen, z.B.) mit Innovationsproblemen in diesem weiteren Sinn konfrontiert sehen.

Über die Wege zur systematischen Verbesserung des Kundennutzens und die an diesem Wege liegenden Herausforderungen an die Unternehmensleitung berichtet Jürgen Schrader in seinen Ausführungen über „Innovationsmanagement als Führungsaufgabe".

II.

Aber die Produkt- bzw. Leistungsinnovation bildet nur einen Aspekt unseres Themas. Daneben stehen die weiteren Gesichtspunkte der Prozeß- bzw. Verfahrensinnovation sowie der Sozialinnovation.

Sozialinnovationen sind das Ergebnis von Entwicklungsprozessen, mit denen eine Organisation versucht, auf gesellschaftliche Änderungen, beispielsweise einen Wertewandel in der Gesellschaft einzugehen. Noch wichtiger wird dieser Aspekt, wenn im internationalen Wettbewerb Unternehmen aus verschiedenen Kulturen mit ganz unterschiedlichen Wertvorstellungen miteinander konkurrieren, wie dies gegenwärtig besonders im Wettbewerb fernöstlicher, vor allem japanischer Unternehmen mit denen des Westens, also vor allem Europas und der USA, der Fall ist.

Wenn anschließend Horst Albach über das Innovationszeitmanagement berichtet, so wird dort nicht zuletzt auch von diesen kulturell bedingten, unterschiedlichen Wertvorstellungen und ihren Konsequenzen die Rede sein. Schließlich spielt die These vom unterschiedlichen Zeithorizont im Denken von Japanern und Amerikanern und damit verbundenen unterschiedlichen Innovationsgeschwindigkeiten eine zentrale Rolle in der Diskussion über den internationalen Wettbewerb insbesondere zwischen West und Fernost.

Und da Horst Albach aufgrund zahlreicher eigener Erkundungen und vieler Freunde vor Ort zu den hervorragenden, vor allem einfühlsamen Japan-Kennern zählt, wird man bei seinen Ausführungen zumindest nebenbei auch davon profitieren.

III.

Unter Prozeß- bzw. Verfahrensinnovation schließlich versteht man zunächst und vor allem Maßnahmen zur Rationalisierung von Fertigungsprozessen mit dem Ziel, Kostenvorteile zu erwirtschaften und auf diese Weise die eigene Wettbewerbsposition zu verbessern. Aber wir werden auch diese Sicht von Innovation sozusagen aus einem weiter geöffneten Blickwinkel zu erfassen suchen und Perspektiven des Informationsmanagements einbeziehen. Dies ist aus dreierlei Gründen gerechtfertigt.

Zum einen sind Verfahrensänderungen in Fertigungsprozessen heute weitestgehend auf Verbesserungen in den sie begleitenden Steuerungsprozessen und damit in der Informationsverarbeitung begründet – man denke dabei nicht nur an die schon gewohnten Formen von Automatisierung, sondern beispielsweise auch an den mitunter weitgehenden Ersatz von kapitalintensiven Lagerhaltungsprozessen durch die Just-in-Time-Belieferung, die die Berechtigung der Rede vom dem den Faktor Kapital substituierenden Produktionsfaktor Information besonders plastisch vor Augen führt.

Zum zweiten spielt das Informationsmanagement eine wesentliche Rolle bei der Gestaltung des Innovationsprozesses selbst. Über den zeitlichen Aspekt hinaus bildet die Organisation des Innovationsprozesses ein eigenes Thema, das wir heute sicher nicht in voller Breite abhandeln können.

Drittens aber haben wir inzwischen gelernt, Information auch als eine für die Wettbewerbsposition des Unternehmens und damit also strategisch relevante Einflußgröße zu sehen. Die Einbeziehung der Informationskomponente hat das Produkt- bzw. Leistungsprogramm manchen Unternehmens revolutioniert.

Dafür gibt es inzwischen zahlreiche Beispiele. American Airlines etwa macht heute mehr als die Hälfte seines Umsatzes nicht mehr als Fluglinie, sondern mit seiner „Decision Technologies“-Division, einer Sparte der „softwaretechnologischen Entscheidungsunterstützung“ also, deren erstes und überaus erfolgreiches Produkt ein Airline-Reservation-System war.

Maschinenbauer kommen zu einem neuen, innovativen Produktverständnis, indem sie ihre Leistung nicht mehr auf die Erstellung einer Anlage allein beziehen, sondern diese Anlage mit einem automatischen Diagnosesystem ausrüsten, das per Standleitung im laufenden Betrieb auftretende Fehler an den Hersteller meldet und den Techniker mit den richtigen Ersatzteilen auf den Weg schickt, so daß Ausfallzeiten minimiert werden: hier wird die permanente Unterhaltung der Kundenbeziehung zum umfassenderen Produkt. – Viele weitere Beispiele dieser Art ließen sich anfügen.

Das bewußte Management der Information in allen Gliedern des Wertschöpfungsprozesses – vom Produktionsfaktor bis zur abgegebenen Leistung – kann damit als einer der Grundpfeiler innovativer Unternehmensentwicklung verstanden werden. Mit einer solchen Konzeption hat Friedrich Baur, der Autor des dritten Beitrags, als Vorstandsvorsitzender der Zahnradfabrik Friedrichshafen AG großen Erfolg gehabt. Friedrich Baur berichtet hier von seinen Erfahrungen bei diesem Unternehmen.

IV.

Auf der Schnittstelle zwischen Sozial- und Verfahrensinnovation ist schließlich der vierte und letzte Beitrag dieses Bandes angesiedelt, in dem Dieter S. Koreimann „Auswirkungen der Informations- und Kommunikationstechnik auf die Führungsorganisation" analysiert. Damit schließt sich der Kreis: nicht nur der vom Marktgeschehen geförderte Wille zur Innovation muß sich, wie in den vorangehenden Beiträgen belegt, in einer entsprechenden Führungskonzeption manifestieren, auch die zur Unternehmenssteuerung eingesetzte Technik verlangt, soll sie optimal genutzt werden, derartige Überlegungen.

Jürgen Schrader

Innovationsförderung als Führungsaufgabe

A. Einleitung

Innovationsförderung kann und muß im Unternehmen als Führungsaufgabe aktiv betrieben werden. Das belegt die praktische Erfahrung aus der weltweiten Beratungsarbeit von McKinsey ebenso wie das Studium von Fallbeispielen. Danach sind innovative Unternehmen deutlich erfolgreicher als weniger innovative, und ihre Innovationsleistung ist kein Zufallsprodukt, sondern Ergebnis gezielter Stimulierung durch das Management.

Einen ersten Einblick in den Zusammenhang zwischen Innovation und Erfolg vermittelt die Analyse der PIMS[1]-Datenbasis; sie zeigt eindeutig, daß innovative Unternehmen eine höhere Investitionsrentabilität erzielen als weniger innovative (siehe Schaubild 1). Der Vorsprung der Pioniere, d.h. Unternehmen, die Innovationen als erste vermarkten, vor den frühen Nachzüglern ist in der Regel nicht sehr signifikant, die späteren Nachzügler haben aber bereits eine deutlich schwächere Investitionsrendite. Ähnliche Erfolgsmuster ergaben sich bei einer Analyse der

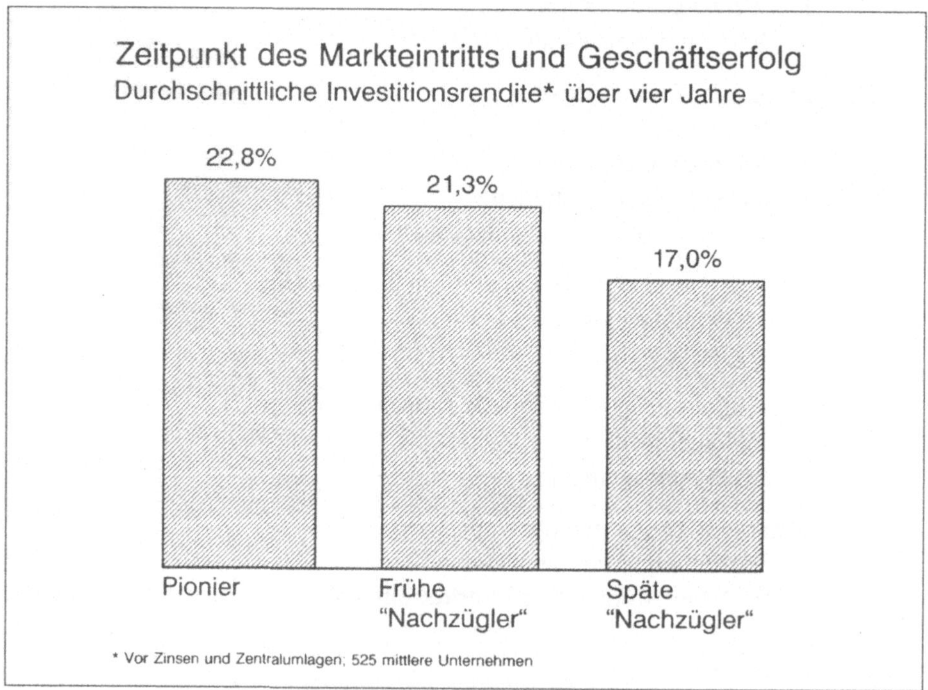

Schaubild 1:   Zeitpunkt des Markteintritts und Geschäftserfolg

---

1   „Profict Impact of Market Strategy", Forschungsprogramm und Datenbank des Strategic Planning Institute, Cambridge/Mass.

amerikanischen Industrie: Die Spitzenunternehmen aus der „In-Search-of-Excellence-Untersuchung" (Peters/Waterman 1982) waren innovativer als der Durchschnitt der US-Großunternehmen; und auch die Gruppe der mittelständischen sogenannten ABC-Unternehmen[2], die in der Regel eine sehr positive Gewinnentwicklung haben, setzt sich fast ausschließlich aus hochinnovativen Unternehmen zusammen.

Damit drängt sich die Frage geradezu auf, was erfolgreiche Innovation im Unternehmen genau bedeutet und wie man sie gezielt ausbauen kann. Wir haben die Erfahrung gemacht, daß die erfolgreich innovativen Unternehmen nicht in erster Linie mehr oder bessere Ideen haben als der Durchschnitt. Ihre Stärke liegt vielmehr darin, daß sie über das sporadische Auftreten von Erfindergeist hinaus einen kontinuierlichen Strom von Innovationen erzeugen und ihre innovativen Ideen gezielt in den Markt hineintragen. Daran muß sich Innovationsförderung als unternehmerische Führungsaufgabe orientieren.

B. Innovation ist mehr als Erfindergeist

Die erfolgreich innovativen Unternehmen verstehen ihre Innovationsfähigkeit als permanenten Prozeß der Entwicklung und Vermarktung von Produkten oder Dienstleistungen, bei dem möglichst wenig dem Zufall überlassen wird. Dieser Prozeß umfaßt die Schaffung eines innovationsfreundlichen Umfeldes und eine breit angelegte Ideensuche ebenso wie analytisch untermauerte Innovationsentscheidungen, die organisatorische Absicherung der Umsetzung und schließlich risikobewußte Steuerung der Markteinführung.

I. Innovationsfreundliches Umfeld schaffen

Eine Grundvoraussetzung für den kontinuierlichen Strom innovativer Produkte oder Dienstleistungen ist ein innovationsfreundliches Umfeld – oder, wie es manchmal heißt, ein Klima nicht des „Ja, aber ...", sondern des „Warum nicht?" Das hat Konsequenzen für das gesamte Führungssystem, nach dem McKinsey-7S-Modell definiert als Kombination aus drei „harten" Elementen (Strategie, Struktur, Systeme) und vier „weichen" Elementen (Stammpersonal, Spezial-

---

2 American Business Conference (ABC) ist eine Vereinigung wachstumsstarker mitttelgroßer Unternehmen, vgl. Clifford, D.K./Cavanagh, R.E. (1985).

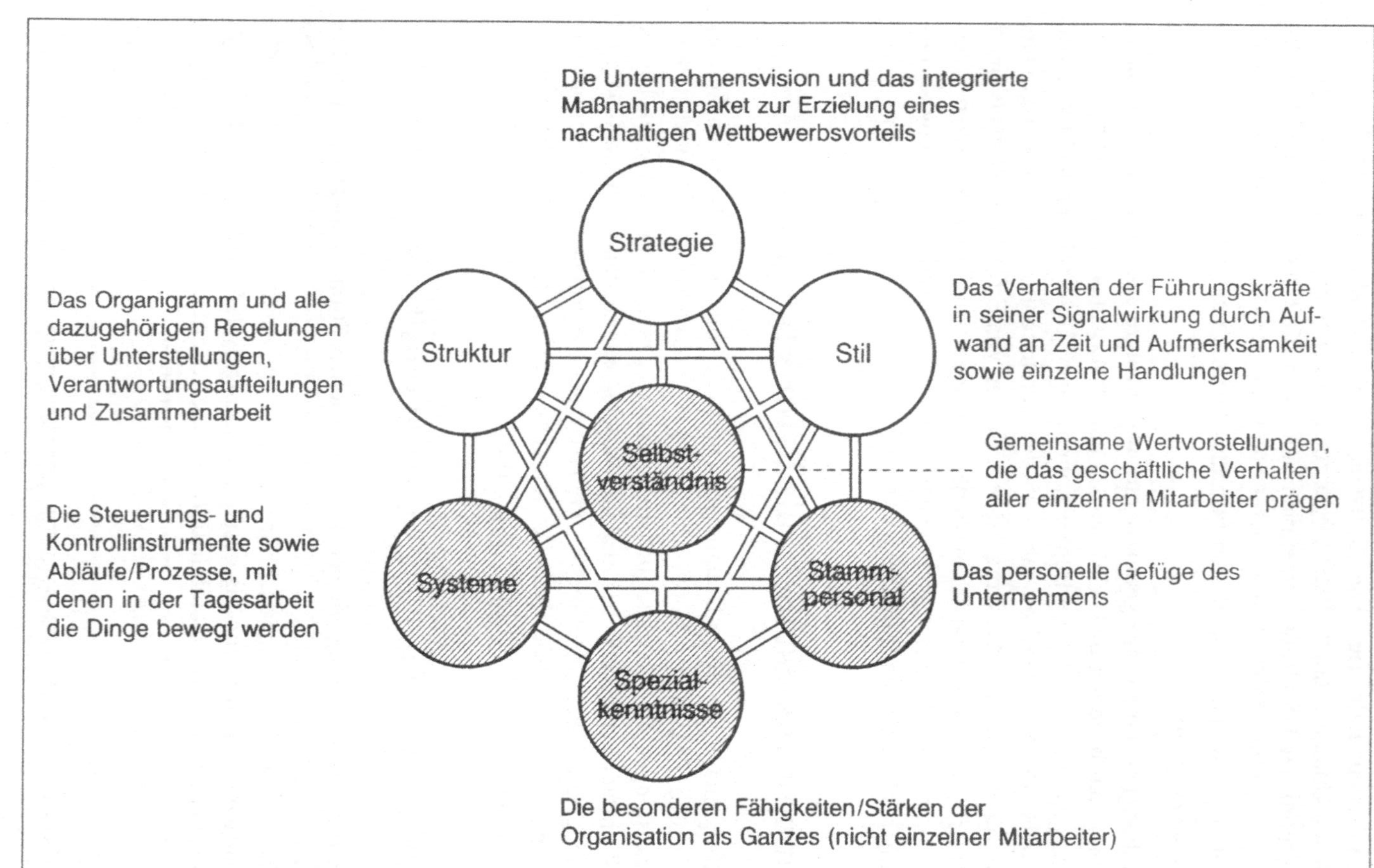

Schaubild 2:   McKinsey-7S-Modell

kenntnisse, Stil und Selbstverständnis) (siehe Schaubild 2). Sie alle sind so zu gestalten, daß sie einzeln und in ihrer Gesamtheit das Ziel Innovation unterstützen; Veränderungen in den externen Gegebenheiten, aber auch in einem der Elemente, ziehen Anpassungen im Gesamtsystem nach sich.

Richtungweisend sind in innovativen Unternehmen aber besonders die „weichen" Führungselemente, während in weniger innovativen Unternehmen traditionell die „harten" Elemente dominieren. Eine Schlüsselrolle bei der Schaffung eines innovationsfreundlichen Umfeldes kommt ohne Frage dem Selbstverständnis zu, das dem gesamten Unternehmen durch eine überzeugende Vision vermittelt wird, und dem Führungsstil, der für möglichst hohe Anregungsdichte sorgt.

1. Überzeugende Vision

Eine Unternehmensleitung, die über eine klare und überzeugende Vision das Selbstverständnis der gesamten Organisation prägt, lenkt damit – wirksamer als mit den meisten anderen Instrumenten – auch das Innovationsverhalten in eine bestimmte Richtung. Ein Zuckerhersteller etwa, der sich von der Vision „Süßmittelhersteller" leiten läßt, wird sein innovatives Denken auf die Entwicklung alternativer Stoffe zum Süßen von Speisen richten; eine Vision „Lebensmittelhersteller" dagegen würde das Unternehmen eher veranlassen, in die Entwicklung anderer zuckerhaltiger Nahrungsmittel vorzudringen.

Die wirksamsten Visionen haben meist eine sehr reale Grundlage in Form bestehender Stärken des Unternehmens. Davon ausgehend, beschreiben sie die angestrebte Wettbewerbsrolle und Marktposition: Welche Produkte wollen wir anbieten, welche Kundengruppen bedienen und welche Technologien einsetzen? Wollen wir Marktführer sein, und wollen wir uns als Pionier oder Nachzügler positionieren?

Zum Beispiel scheint die japanische Elektronikfirma Canon während der letzten 25 Jahre von der Vision „Nr. 1 in der Bild- und Informationsverarbeitung" geleitet worden zu sein. Ausgehend von der „Canon Camera" Anfang der 60er Jahre, betrieb das Unternehmen eine Technologie- und Produktentwicklung, die das Produktangebot über medizinische Geräte, Mikrofilm, Kopierer, Bürokommunikation und Telefaxgeräte bis hin zu Lithographiegeräten für die Fertigung von Halbleiterkomponenten anwachsen ließ (siehe Schaubild 3).

Eine kraftvolle Vision kann enorme Kreativität im Unternehmen freisetzen, und sie erhöht auch die Anziehungskraft für qualifizierte Führungskräfte von außerhalb. Für das Innovationsgeschehen im Unternehmen wirkt sie als Stimulans und Filter

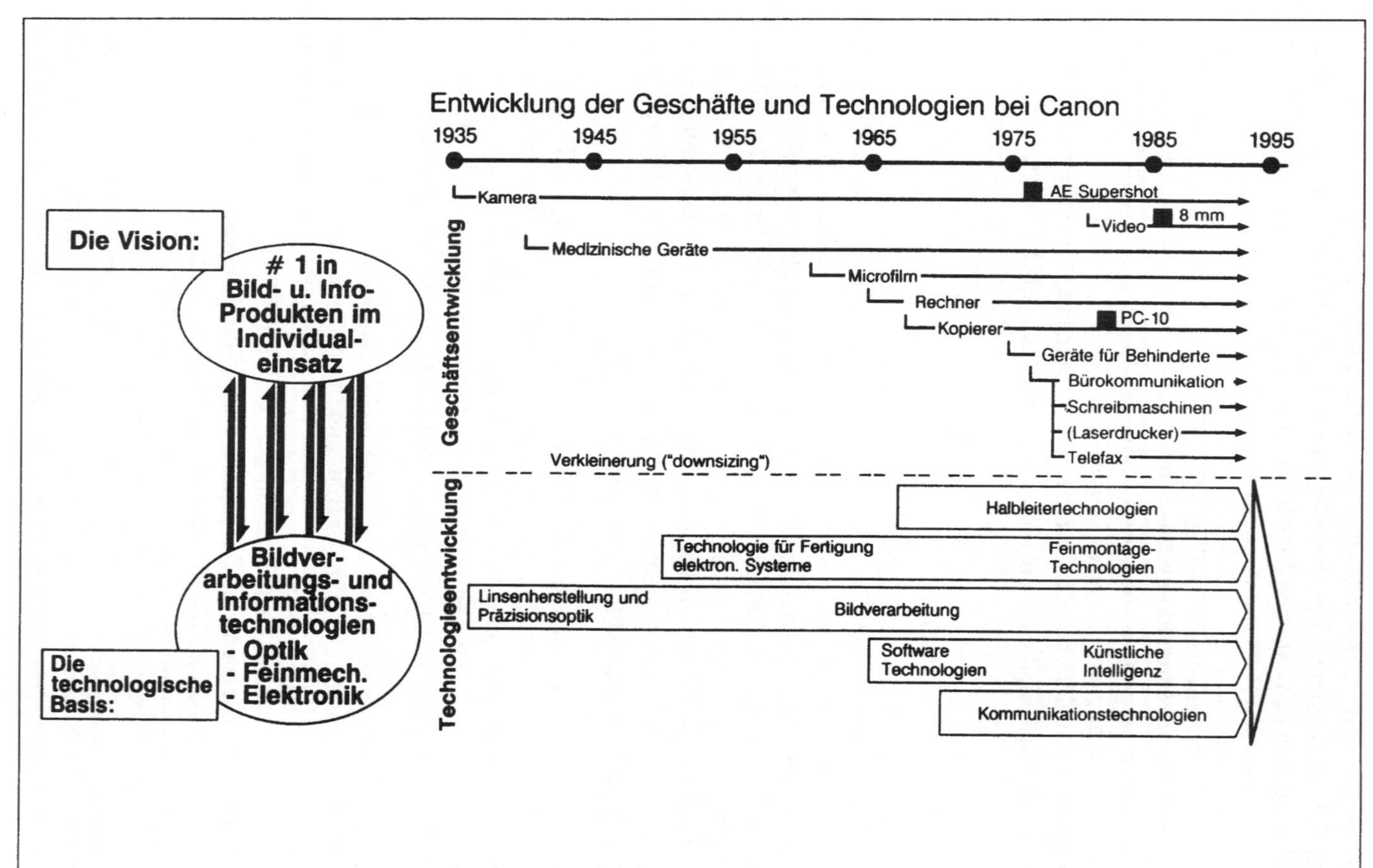

Schaubild 3:   Entwicklung der Geschäfte und Technologien bei Canon

zugleich, da sie dazu anregt, in der angestrebten Richtung möglichst alle Optionen auszuschöpfen, aber auch schnell erkennen hilft, wenn Verzettelung droht.

2. Hohe Anregungsdichte

Die Vision hat also Signalwirkung von „oben nach unten", sie bewirkt einen Innovationsimpuls. Damit dieser Impuls auch eine Innovationsdynamik „von unten nach oben" freisetzen kann, muß für hohe Anregungsdichte durch intensive interne und externe Kommunikation gesorgt werden. Die Informationsfragmentierung, Nebenprodukt moderner Arbeitsteilung, gilt es im Interesse der Innovation zu überwinden: Informationen aus möglichst vielen Quellen zu einer neuen Idee zu verdichten.

Um die funktionsübergreifende Kommunikation zu fördern, hat z.B. Hoechst sein Zentrallabor trotz erheblicher Platzprobleme ganz bewußt in der Nähe der Spartenlabors angesiedelt. Die räumliche Nähe soll der Ausbildung von „Elfenbeintürmen" entgegenwirken. Der „gemeinsame Campus" von zentraler Forschung und Entwicklung und Spartenlabors bietet viele informelle Diskussionsmöglichkeiten.

Als besonders gelungenes Ergebnis der innovationsfördernden Kommunikation kann auch der Canon Personal Copier „PC-10" gelten, ein Tischkopierer, der Anfang der 80er Jahre auf den Markt kam. In enger Abstimmung zwischen Strategieplanern, Entwicklern und Vertriebsmannschaft entstand hier ein innovatives Produkt, das Anwenderverhalten und damit auch die Wettbewerbsstruktur bei Arbeitsplatzkopierern sehr stark veränderte. Das Ganze lief etwa wie folgt ab: Von der Vertriebsorganisation in den USA kam die Idee, ein neues Marktsegment zu definieren, nämlich Kleinanwender, die bei dem bis dahin vorherrschenden Marktverständnis nur unzureichend bedient wurden. Das Top-Management von Canon schickte daraufhin eine gemeinsame Task-force von Entwicklern und Marketing-Mitarbeitern in die USA, die dort den Markt und das Anwenderverhalten eingehend beobachteten.

Zur Umsetzung der Innovationsidee in ein geeignetes Produkt – einen „Einfach-Kopierer" – fand dann eine Reihe von Workshops statt, an denen die Vertriebsorganisationen sowie Forschung und Entwicklung beteiligt waren. Ausführlicher Know-how-Austausch zwischen sehr verschiedenen Fachbereichen bewirkte, daß mehrere Technologien in optimaler Kombination in das Produktkonzept eingingen, wie unter anderem die Billigtechnologie für den normalerweise besonders kostenintensiven Fotorezeptor, die aus einer anderen Sparte kam. Um möglichst viel

Marktnähe in der F&E-Abteilung zu erreichen, bediente Canon sich einer Spielart von Job-rotation, die von der klassischen Einbahnstraße – zuerst Forschung, dann Entwicklung, Fertigung oder Anwendungstechnik und schließlich Vertrieb – abwich: Die Marketingexperten wurden wieder in die F&E zurückgeführt, um Produkt- und Prozeßentwicklung aus Kundensicht zu verbessern.

Zur Anregungsdichte im Innovationsprozeß kann gerade dieses Konzept – Forscher zum Kunden, Erhöhung der Kontaktoberfläche zwischen Entwicklung und Kunden – sehr viel beitragen, vorausgesetzt, man widersteht dabei der Versuchung, die Forschung zur „Problemlösungsfeuerwehr" für Außendienst oder Service-Mannschaft verkommen zu lassen.

II. Ideensuche breit anlegen

Zur systematischen Innovationsförderung gehört auch, daß die Ideensuche auf eine möglichst breite Basis gestellt wird: Innovation darf sich nicht in neuen Produkten oder Produktmerkmalen erschöpfen. Wer sich nicht selbst seine Möglichkeiten unnötig beschneiden will, muß den Blickwinkel ganz bewußt ausweiten – auf die Innovation von Prozessen, Technologien und im Geschäftssystem, d.h. in der Wertschöpfungskette vom Lieferanten über die eigenen unternehmensinternen Funktionen bis zum Kunden.

1. Produktinnovationen

Als Paradebeispiel dafür, wie durch neue Marktsegmentierung eine Produktinnovation mit sehr anspruchsvollen Spezifikationszielen entstand, kann der bereits erwähnte Canon Personal Copier angeführt werden. Die klassische Segmentierung des Marktes für Kopierer orientierte sich an der Kopierleistung, gemessen in Kopien pro Minute. Hauptzielgruppe der Hersteller waren mittlere Unternehmen und Organisationseinheiten in Großunternehmen. Dort waren – bei 50 bis 300 Benutzern pro Tag – schnelle Kopierer gefragt; eine Kopierleistung von 15 bis 40 Kopien pro Minute war die Norm. Für große Kopierzentren wurden außerdem Hochleistungskopierer in kleinen Stückzahlen produziert. Dabei konnten zwei Segmente überhaupt nicht bedient werden, nämlich einerseits Haushalte und Handwerksbetriebe sowie andererseits Sekretärinnen und Sachbearbeiter in Großunternehmen, die das Kopiergerät neben sich auf dem Tisch haben wollen (siehe Schaubild 4).

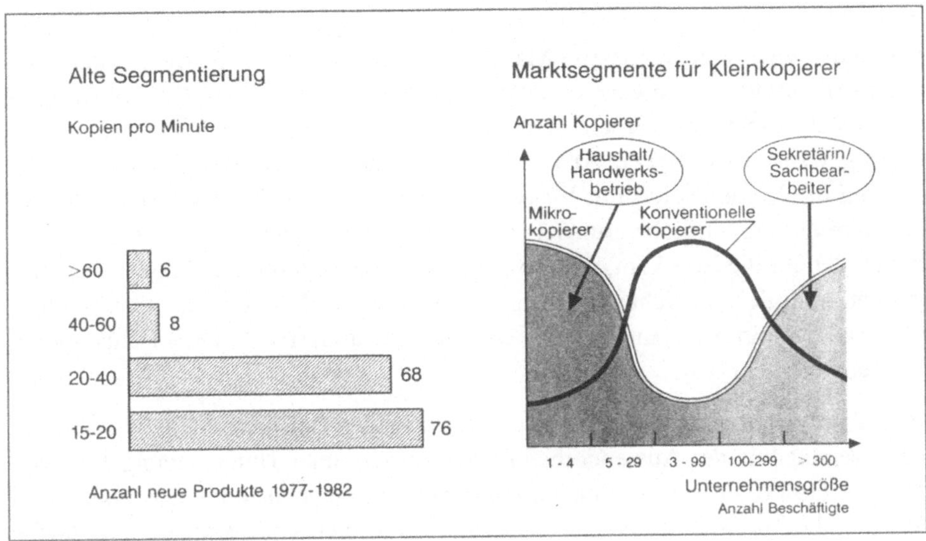

Schaubild 4:   Traditionelle neue Marktsegmentierung bei Kopierern

Eine Kopierleistung von drei oder fünf Kopien pro Minute zu einem angemessen niedrigen Preis bei gleichzeitig geringem Platzbedarf ist für diese Zielgruppen unter Umständen ausreichend. Die kreative Idee, den Markt unter diesen Gesichtspunkten neu zu segmentieren, führte zu den besonderen Produktspezifikationen des Canon PC-10, die für die damaligen Verhältnisse extrem anspruchsvoll waren. So sollte der Kopierer nicht wesentlich größer sein als ein DIN-A4-Blatt und tragbar sein, d.h. unter 20 kg wiegen. (Welche Herausforderung ein solches Ziel damals darstellte, begreift man erst, wenn man sich die großen Kopierer von vor zehn Jahren wieder vor Augen führt.) Außerdem sollte der Marktpreis unter $1.000 liegen, wobei zu bedenken ist, daß damals bei den klassischen Standgeräten allein der Fotorezeptor schon in der Herstellung erheblich teurer war.

Und weiter: Die Kopienqualität sollte mit professionellen Geräten vergleichbar sein, die Geräte selbst wartungsfrei, billig und einfach zu reparieren sowie extrem zuverlässig (ein Ausfall pro 20.000 Kopien), da bei einem Preis von unter $1.000 kein Servicenetz mit intensiver Kundenbetreuung unterhalten werden kann; und eine Gerätevariante sollte auch Farbkopien ermöglichen.

Angespornt durch diese anspruchsvollen Forderungen, schuf man bei Canon ein attraktives Produkt, das die ermittelte Marktlücke erfolgreich füllte.

Ein anderer Ansatz zur Suche nach Produktinnovationen liegt im radikalen Hinterfragen des Kundennutzens bestehender Produkte. Zum Beispiel: Rinderschutzchemikalien sind in vielen Anwendungen ein ausgesprochenes „Commodity-Geschäft“, eine undifferenzierte Massenware, die sich im wesentlichen über den Preis verkauft und entsprechend unattraktive Renditen einbringt. Der Kundennutzen besteht darin, daß diese Chemikalien eine verlustfreie Rinderaufzucht und -mast gewährleisten. Bei der Anwendung der klassischen Rinderschutzchemikalie müssen die Rinder durch mit Wasser gefüllte Gruben geführt werden; der notwendige Zusammentrieb verursacht erhebliche Kosten und Mastverluste. Ein Anbieter, der auf die Idee kam, diese Anwendungsweise durch Halsbänder oder Implantate mit gleicher Schutzwirkung zu ersetzen, hat für sich das „Commodity-Geschäft“ in ein Spezialitätengeschäft mit sehr attraktiven Margen umwandeln können.

Produktinnovation, das bestätigen auch diese beiden Beispiele, steht und fällt mit dem Verständnis der Anwenderbedürfnisse. Nach einer Untersuchung Eric von Hippels (1988) aus den letzten Jahren gehen in manchen Industrien bis zu drei Viertel aller produktbezogenen Innovationen direkt vom Kunden aus (siehe Schaubild 5). Forscher und Entwickler direkt mit den Abnehmern in Kontakt zu bringen, erweist sich besonders dort als fruchtbar, wo Produkte und Technologien schon weitgehend ausgereift und Einsatzzwecke vertraut sind; wird eher unbekanntes Terrain beschritten, sind die potentiellen Anwender dagegen oft überfordert, der Innovationsanstoß muß vom Hersteller ausgehen.

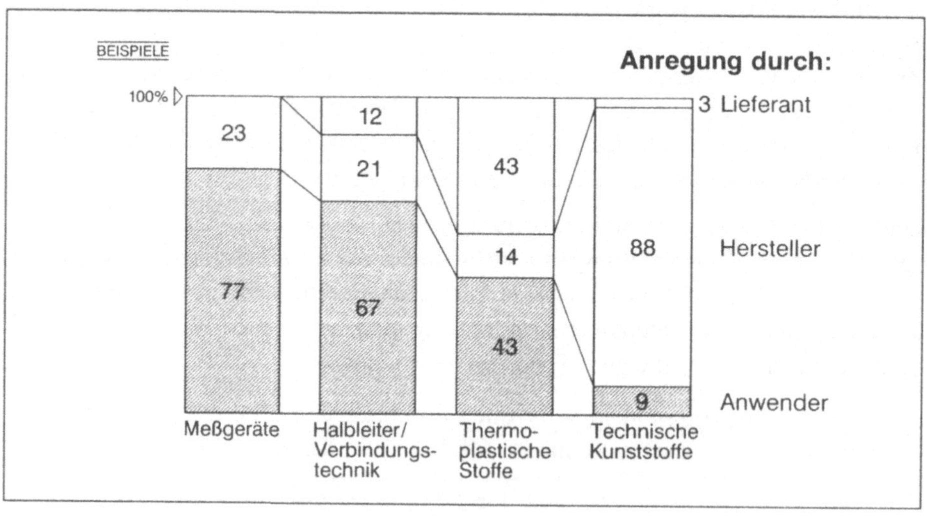

Schaubild 5:   Quellen produktbezogener Innovationen

2. Prozeßinnovation

Prozeßinnovationen zielen im Regelfall auf verbesserte Produkteigenschaften (z.B. höhere Qualität) oder niedrigere Herstellkosten. Neben der evolutionären Weiterentwicklung etablierter Verfahren (z.B. im Zuge laufender Rationalisierungsvorhaben) sollten dabei auch Bestrebungen zum Zuge kommen, durch Einführung ganz neuer Verfahren Quantensprünge entlang dieser beiden Dimensionen zu erzielen. Beispiele für solche Quantensprünge, die oft die Wettbewerbsstrukturen ganzer Industrien verändern, sind die bereits erwähnte Verdrängung des Naphtalin-Prozesses bei der Herstellung von Phthalsäureanhydrid durch den Orthoxylol-Prozeß oder auch die zunehmende Bedrängung der Stahlerzeugung und -verarbeitung in integrierten Hüttenwerken auf Eisenerzbasis durch Ministahlwerke auf Basis von Eisenschrott. Diese für Langprodukte bereits vor vielen Jahren eingeleitete Entwicklung dehnt sich künftig vermutlich auch auf Flachprodukte aus, getrieben von der Weiterentwicklung der Gießtechnologie („endabmessungsnahes Gießen") und der Walztechnologie.

Dieses zweite Beispiel macht auch deutlich, daß die Prozeßinnovationen für den einen (hier Stahlhersteller) die Produktinnovationen für den anderen (hier den hüttentechnischen Maschinen- und Anlagenbau) sind. Damit gelten in der von Eric von Hippel auch empirisch nachgewiesenen Innovationskette Zulieferer/Hersteller/Anwender für Produkt- und Prozeßinnovationen sehr ähnliche Erfolgsregeln (z.B. die Schnittstellen-überwindende intensive Interaktion von Fertigung, Produktentwicklung, Materialwirtschaft und Qualitätswesen).

In manchen Fällen macht eine Innovation am Produkt gleichzeitig eine Innovation auf der Prozeßseite erforderlich – wie wiederum beim Canon Personal Copier deutlich zu beobachten (siehe Schaubild 6). Nachdem die Produktentwickler die Idee hatten, für den Fotorezeptor eine Einfach-Trommel zu verwenden, war für die Herstellung ein Tiefziehverfahren erforderlich. Von Canon als „Beer Can"-Verfahren bezeichnet, kostete dieser Prozeß in der Fertigung nur einen Bruchteil soviel wie das klassische Fertigungsverfahren, bei dem die Trommel aus dem Vollen hergestellt wurde.

Prozeßänderungen ergaben sich auch in der Montage. Das Produkt war so konzipiert, daß es einseitig montierbar war. Dadurch konnte man für die Herstellung Laserjustage-Verfahren einführen, deren Justiergenauigkeit den Verzicht auf die Endfunktionsprüfung (Kopiertest) ermöglichte. Die Gesamtkosten ließen sich auf diese Weise erheblich senken, denn ein sehr personalintensiver und teurer Montageschritt – das Einbringen von Tonern und anschließendes Reinigen des Geräts vor der Endkontrolle – war entfallen.

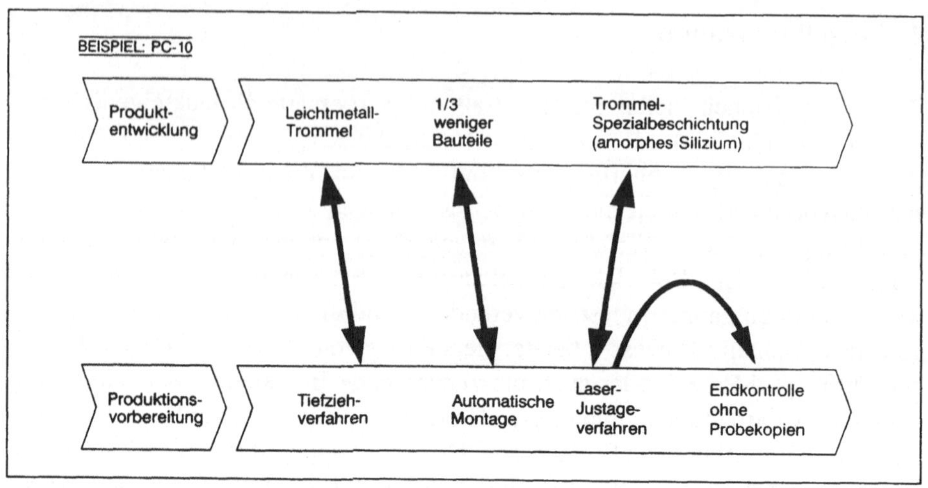

Schaubild 6:   Prozeßinnovationen beim Canon PC-10

3. Technologieinnovationen

Besonders innovative Unternehmen haben hochentwickelte antizipatorische Fähigkeiten und den Mut, Konzepte zu entwickeln, die noch gar nicht nachgefragt werden. Noch wichtiger als bei Produkt- und Prozeßinnovationen ist dies bei der Entwicklung neuer Technologien.

Will man mit Technologieinnovation erfolgreich sein, muß man die Grenzen und Möglichkeiten von Technologien früh erkennen: Nachzügler-Strategien sind oft nicht praktikabel, weil durch die Innovationen sehr hohe Eintrittsbarrieren entstehen. In der Regel sind lange Lernkurven zu durchlaufen, und meist muß über einen längeren Zeitraum eine neue Infrastruktur aufgebaut werden, bevor Skaleneffekte eintreten.

Den notwendigen Vorsprung verschafft am ehesten eine vorausschauende Analyse des Kundennutzens, der mit einer neuen Technologie geboten werden soll. Die Herstellung des PVC-Weichmachers Phthalsäureanhydrid ist ein gutes Beispiel: Ausgehend von einem genauen Verständnis des Kundennutzens wurde ein noch nicht wettbewerbsfähiges Konzept für eine Technologieinnovation „auf Vorrat" verbessert, um es kurzfristig zu nutzen, sobald ein Bedarf entstand. Das klassische Herstellungsverfahren, das bis in die 70er Jahre hinein dominierte, basierte auf Naphthalin, einem Abfallprodukt der Koksherstellung; eine Alternative ist das Orthoxylol-Verfahren, basierend auf einem Nebenprodukt des Petrochemieprozesses, das z.B. beim Aufschluß von Erdöl zur Herstellung von Benzin entsteht.

BASF war der einzige Hersteller, der den Orthoxylol-Prozeß zumindest im Labor weiterverfolgte und als Innovation fertig entwickelte, während im Tagesgeschäft, wie bei anderen Herstellern, noch das Naphthalin-Verfahren eingesetzt wurde. Technisch, d.h. gemessen an der Ausbeute pro Menge Ausgangsstoff, war etwa ab 1960 das Orthoxylol-Verfahren dem traditionellen Naphthalin-Verfahren überlegen. Der Durchbruch am Markt war damit allerdings noch nicht geschafft, denn Orthoxylol war aufgrund der Faktorkosten noch signifikant teurer als Naphthalin. Das änderte sich jedoch im Verlauf der sechziger Jahre: Der Wettbewerb zwischen Mini-Stahlwerken und Hüttenwerken drängte die Koksbatterien zurück, Naphthalin als Nebenprodukt der Koksherstellung wurde knapper und teurer. Gleichzeitig führte der weltweite Automobilboom zum Ausbau der Raffineriekapazitäten, so daß Orthoxylol als Nebenprodukt der Benzinherstellung billiger wurde. Zehn Jahre nach der technischen Reife fand Anfang der siebziger Jahre endgültig die Substitution des Naphthalin-Verfahrens am Markt statt (siehe Schaubild 7).

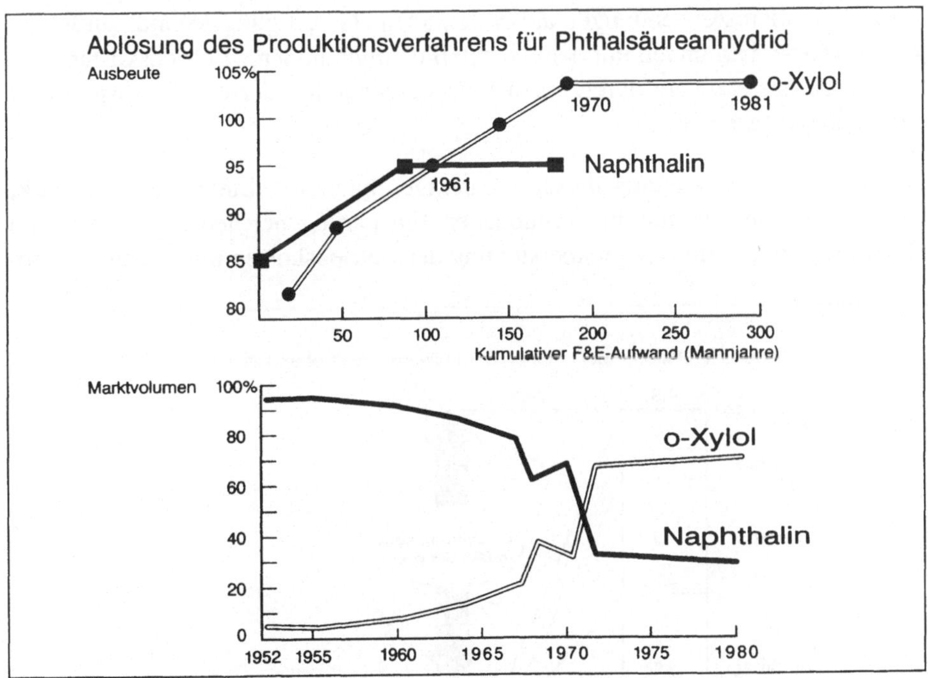

Schaubild 7:   Ablösung des Produktionsverfahrens für Phthalsäureanhydrid

Wer ausschließlich auf die Signale durch den Markt geachtet und mit der Technologieinnovation bis dahin gewartet hatte, konnte jetzt nicht schnell genug reagieren. Diese Beobachtung ist kein Einzelfall: Speziell für Technologieinnovationen sendet der Markt seine Signale häufig zu spät; wer Erfolg haben will, muß Technologiepotentiale und Kundennutzen im voraus richtig einschätzen.

Diesen Kundennutzen einer neuen Technologie möglichst genau zu verstehen, ist auch aus einem anderen Grund außerordentlich wichtig. Er bestimmt nämlich den Spielraum für die Preisgestaltung, der sich ja nicht, wie in wettbewerbsintensiven „alten" Technologien die Regel, an den Herstellkosten oder „Vollkosten plus x Prozent" orientiert. Ein Beispiel: das Extrusionsverfahren zur Herstellung von technischen Gummiwaren wie Türdichtungen und Scheibenwischerblättern.

Am Ende des Extrusionsvorganges besteht eine technische Anforderung darin, einerseits genug Wärme einzubringen, um den Gummi zur Vulkanisation zu zwingen, und andererseits diese Wärme danach relativ schnell abzuführen, um die Geometrien, die man im Extrusionskopf erzeugt hat, gut zu erhalten. Mit klassischen Extrudern läßt sich dies nur unvollkommen erreichen, so daß lange Zeit für anspruchsvollere Anwendungen auf Autoklaven als Fertigungstechnik zurückgegriffen wurde, verbunden mit dem Nachteil deutlich höherer Betriebskosten. Gelöst wurde das Problem durch einen Extruderhersteller, der den Extrusionskopf entscheidend verbesserte.

Die mögliche Preisstellung dieser – patentgeschützten – Innovation am Markt hängt stark von der mit ihr verbundenen Einsparung bei den Herstellern von Gummiwaren ab. Eine Gegenüberstellung der Betriebskosten mit der alten Auto-

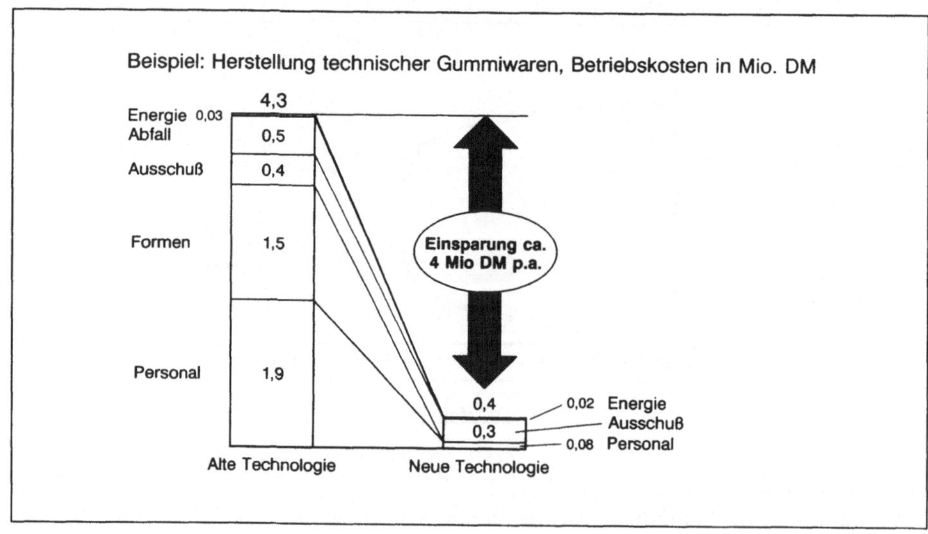

Schaubild 8:   Auslotung von Preisspielräumen durch Verständnis des Kundennutzens

klaven-Technologie zeigt, daß die neue Extrusionstechnologie dem Anwender signifikante Einsparungen bringt. Diese Einsparungen eröffnen dem Hersteller Preisspielräume nach oben, ohne die Wirtschaftlichkeit der Investitionen für den Anwender zu gefährden (siehe Schaubild 8).

4. Innovationen im Geschäftssystem

Auch eine Anpassung des Geschäftssystems, im Zusammenhang mit neuen Produkten oder auch unabhängig davon, sollte stets als mögliche Quelle für Innovationen betrachtet werden.

Eine Gegenüberstellung des klassischen Kopierergeschäftes, repräsentiert durch Xerox, und des Personal-Kopierergeschäftes von Canon verdeutlicht, wie die Umsetzung von Innovationen durch Veränderungen im Geschäftssystem unterstützt werden kann (siehe Schaubild 9). Canon hat ein ganz anderes Geschäftssystem aufbauen müssen, um dem PC-10 zum Durchbruch zu verhelfen. Denn nicht nur hatte die neue Technologie Auswirkungen für F&E, Produktion und Service, sondern das Produkt richtete sich auch an eine neue Kundengruppe, was Anpassungen in der Distribution erforderlich machte.

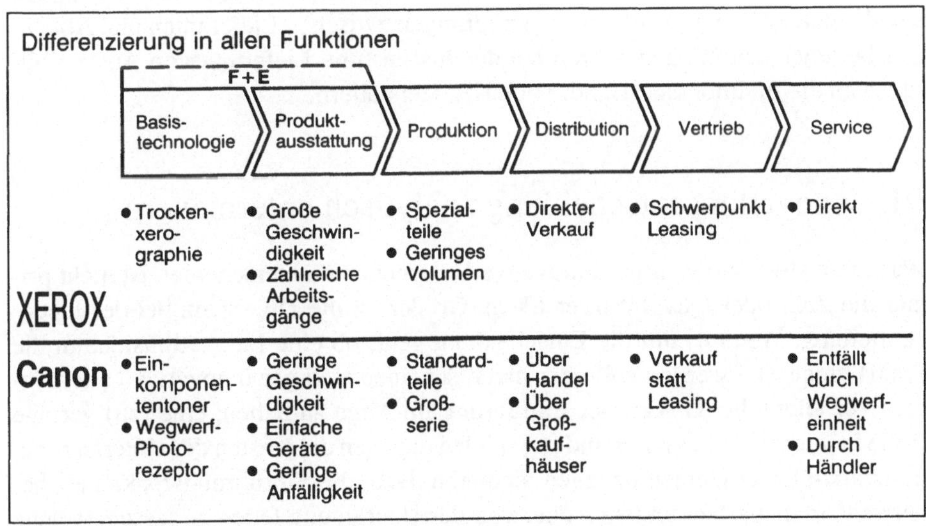

Schaubild 9:   Innovationen im Geschäftssystem

In der Produktion zum Beispiel setzt Xerox viele Spezialteile ein, was geringes Volumen und relativ hohe Komponentenkosten bedeutet. Canon verwendet Standardteile und scheut sich nicht, Komponenten bei denselben Zulieferern einzukaufen wie Wettbewerber, um so die Vorteile der Großserie zu nutzen. Xerox unterhält eine eigene Vertriebsmannschaft, während Canon mit seinem Personal Copier über den Handel und sogar über Großversandhäuser wie Sears vertreibt. Und auch den Service führt Xerox direkt durch; bei Canon entfällt er, weil die Service-intensiven Teile Austauschteile sind und außerdem der Händler für den Service verantwortlich ist.

In manchen Fällen ergeben sich Innovationen auch ausschließlich im Geschäftssystem. Zum Beispiel sind in jüngster Zeit viele Chemieprodukte durch Umweltschutzbestimmungen zunehmenden Restriktionen in Distribution und Lagerung unterworfen. Ein deutsches Chemieunternehmen, das umfangreichen Chemiehandel betreibt, hat als Geschäftssysteminnovation die gesamte Logistik und Lagerdienstleistung für den Anwender übernommen. Ohne daß sich am Produkt selbst etwas geändert hat, ist so aus einem Commodity-Geschäft ein hochwertiges Dienstleistungsgeschäft mit sehr viel attraktiveren Margen geworden.

Eine andere Innovation des Geschäftssystems – anwendernahe Fertigung – verwirklichen ein Spritzgußhersteller und ein Anwender von Dünnschicht-Verfahren, mit denen Schutzschichten zur elektromagnetischen Abschirmung elektronischer Geräte aufgebracht werden. Gemeinsam bauten sie eine neue Fabrik direkt neben der Produktionsstätte eines PC-Herstellers, dem sie damit einen besonders hohen Kundennutzen boten. Ähnliche Verknüpfungen zwischen Lieferanten und Abnehmer bestehen seit einigen Jahren bei der Just-in-time-Lieferung von Automobilsitzen an die Endmontage-Bänder von Kfz-Herstellern.

III. Innovationsentscheidung analytisch untermauern

Was innovative und weniger innovative Unternehmen unterscheidet, ist nicht primär die Zahl oder Qualität ihrer Ideen. Größer ist die Divergenz bei der Ideenbeurteilung: Wenn es um die Entscheidung geht, ob eine Innovationsidee in die Praxis umgesetzt werden soll oder nicht, scheinen weniger innovative Unternehmen vor allem die Risiken der Einführung im Auge zu haben; eine (zu) geringe Rolle in ihrer Entscheidungsfindung spielen dagegen die Kosten der Unterlassung. Innovative Unternehmen dagegen tendieren dazu, die Einführungsrisiken als beherrschbar anzusehen und sich eher von der Überlegung leiten zu lassen, welche Chancen sie bei „Nichtstun" versäumen würden.

Eine fundierte Entscheidung über eine Innovationsidee verlangt eine realistische Analyse nach beiden Kriterien: Opportunitätskosten, im Sinne entgangener Marktchancen und -gewinne, ebenso wie Einführungsrisiken. Und beide Kriterien bleiben auch nach Anlaufen eines Innovationsprozesses als Richtschnur relevant, wenn zu prüfen ist, ob zum Beispiel veränderte Rahmenbedingungen oder unerwartete Entwicklungen eine Anpassung oder Revision der Innovationsentscheidung erfordern.

1. Opportunitätskosten

Unter Opportunitätskosten ist der Gewinn oder Deckungsbeitrag zu verstehen, der als ungenutztes Potential verlorenginge oder dem Wettbewerb zugute käme, wenn die Innovation unterbliebe oder aufgeschoben würde. Zur Abschätzung dieser „Kosten der Unterlassung" müssen in einem ersten Schritt die mit der Innovation verbundenen Marktchancen bewertet werden. Hierzu sollten die neuen oder veränderten Anwenderbedürfnisse analysiert werden, die man mit dem innovativen Produkt erfüllen will.

Häufig tut sich der Zielkunde relativ schwer, einen bisher nicht realisierten Nutzen zu beurteilen. Der Innovator muß daher im Vorfeld der Innovation zu einem tiefen Anwenderverständnis gelangen; das heißt oft, die Bedürfnislage des Kunden besser zu verstehen, als dieser sie selbst versteht. Ferner sollte untersucht werden, auf welche Weise man diese Anwenderbedürfnisse im eigenen Sinne beeinflussen kann und wie groß der Vorsprung gegenüber dem Wettbewerb ist.

Schließlich muß die Größe des in Frage kommenden Marktes abgeschätzt werden. Aus diesem Marktpotential, verbunden mit dem erwarteten Zeitpunkt des Markteintritts und der möglichen Marktabdeckung durch den Wettbewerb, leiten sich die Opportunitätskosten ab.

Opportunitätskosten sind im Einzelfall oft schwer zu quantifizieren. Doch Bemühungen lohnen sich. Denn je präziser dieses „Risiko des Nichthandelns" für das ins Auge gefaßte Geschäft eingegrenzt werden kann, um so sicherer läßt sich beurteilen, ob das „Risiko des Handelns" eingegangen werden sollte.

2. Einführungsrisiken

Alle Risiken, die mit der Innovationseinführung verbunden sind, müssen als Gegengewicht zu den Opportunitätskosten, die ein Indiz für den Anreiz und die Dringlichkeit einer Innovationseinführung darstellen, ins Kalkül gezogen werden. Diese Einführungsrisiken beziehen sich auf Einflüsse von außen und auf die intern entstehenden Unsicherheiten.

Kalkuliert werden muß zum Beispiel der potentielle Verlust des eingesetzten Kapitals – etwa in Form der Aufwendungen für Forschung und Entwicklung, für neue Fertigungseinrichtungen, für Werkzeuge oder für die Erschließung neuer Vertriebskanäle, Kundengruppen u.ä. Neben diesem, durch den Kapitaleinsatz bedingten Risiko gibt es im wesentlichen vier weitere innovationsbegleitende Risiken: das Marktrisiko im Sinne der richtigen oder falschen Einschätzung der zukünftigen Marktentwicklung, das Technologierisiko im Sinne der inhärenten Risiken und Fehlschlagrisiken einer technischen Entwicklung, das Wettbewerbsrisiko im Sinne der richtigen Abschätzung von Wettbewerbsreaktionen und schließlich das Managementrisiko, das Risiko also, inwieweit eine Innovation als Führungsaufgabe erfolgreich bewältigt wird.

IV. Innovationsumsetzung organisatorisch absichern

Ist die Innovationsentscheidung gefallen, gilt es, im Umsetzungsprozeß alles zu tun, um unternehmerisches Verhalten und eine straffe, zielorientierte Abwicklung zu fördern. Entscheidend für eine solche organisatorische Absicherung des Erfolges sind vor allem die Besetzung von Schlüsselpositionen und ein leistungsfähiges Projektmanagement.

1. Schlüsselpositionen

„Champion" und „Mentor", aus Projektarbeit und Veränderungsprozessen aller Art bekannt als erfolgsentscheidende Rollen, nehmen auch im Prozeß der Innovation Schlüsselpositionen ein. Mit kompromißlosem Engagement und Sachverstand muß der Champion an der Basis die Innovationsidee auf Kurs halten und vorantreiben; mit Engagement und Einflußvermögen muß der Mentor auf Geschäftsführungs- oder Vorstandsebene für Verständnis, Freiraum und Ressourcen sorgen. Für beide Rollen die richtigen Freiwilligen zu finden, ist bei der Umsetzung einer Innovation die Organisationsaufgabe schlechthin.

Besonders für die Position des Champion sind oft eigenwillige Querdenker mit ihrem Sinn für unkonventionelle Lösungen prädestiniert. Daß bei ihnen auch einmal unorthodoxe Vorgehensweisen und Einstellungen akzeptiert werden müssen, versteht sich von selbst.

Weitere Schlüsselpositionen, deren Besetzung wesentlich über Erfolg oder Mißerfolg des Innovationsprojektes entscheidet, finden sich im eigentlichen Projektteam, für das möglichst viel Kreativitätspotential des Unternehmens mobilisiert werden muß. Kreativität ist erfahrungsgemäß sehr ungleich verteilt. In der Pharmaindustrie etwa sind typischerweise 90 % der Forscher und Entwickler mit Routinearbeiten beschäftigt. Diese Aufgaben sind außerordentlich wichtig, denn sie dienen dazu, Risiken bei der Einführung von Medikamenten und Wirkstoffen weitgehend auszuschließen; sie gehören jedoch nicht zum eigentlich kreativen Prozeß der Identifikation neuer Produkte oder Prozesse: An ihm sind nur etwa 10 % der F&E-Mitarbeiter beteiligt. Von diesen tatsächlich Kreativen bleiben wiederum 90 % ohne Resultat, und viele Forscher erzielen in ihrer ganzen Karriere nur einen einzigen „Treffer". Andere dagegen sind weitaus häufiger kreativ. Diese besonders kreativen Mitarbeiter zu identifizieren und in den Prozeß der Innovation einzubinden, ist eine wichtige Führungsaufgabe für das Top-Management.

2. Projektmanagement

Grundsätzlich sollten im Innovationsprozeß funktionsübergreifende Teams eingesetzt werden – etwa um durch Mitwirkung von Vertriebsmitarbeitern mehr Kundennähe bei der Entwicklung zu erreichen. Eine spezielle Form des Teameinsatzes sind „All-Star-Teams", Arbeitsgruppen aus den fähigsten Mitarbeitern aller Bereiche, wie sie von der Entwicklungsgeschichte der Boeing 767, des IBM PC und des Canon Personal Copier bekannt sind.

In manchen Fällen kann es erforderlich sein, speziell für eine bestimmte Innovation eine separate Strukturorganisation zu schaffen. Bei Canon hat man die Projektgruppe für den PC-10 von vornherein aus der bestehenden Struktur ausgegliedert und eine eigene Organisation geschaffen, die sich mit nichts anderem als mit Entwicklung, Einführung und Vermarktung des Personal Copiers beschäftigte (siehe Schaubild 10).

Selbst bei IBM, wo der normale Entwicklungsprozeß hochgradig vorstrukturiert ist, befreite man die PC-Entwicklungsgruppe von fast allen „Normalprozeduren", um möglichst schnell zum Ziel zu gelangen. Für das Labor in Boca Raton, wo die Projektgruppe arbeitete, wurden sogar alle ankommenden Telefonate durch zwei Instanzen gefiltert.

Eine solche strikte Abkopplung bietet sich an, wenn es um Einzelinnovationen geht, die von großer Tragweite für das Unternehmen sind. Wenn man einen kontinuierlichen Strom von Innovationen erzeugen will, eignen sich eher „Schnittstellen-überwindende" temporäre Organisationsformen im Rahmen des klassischen Projektmanagements. Sie reichen von der Großprojektorganisation

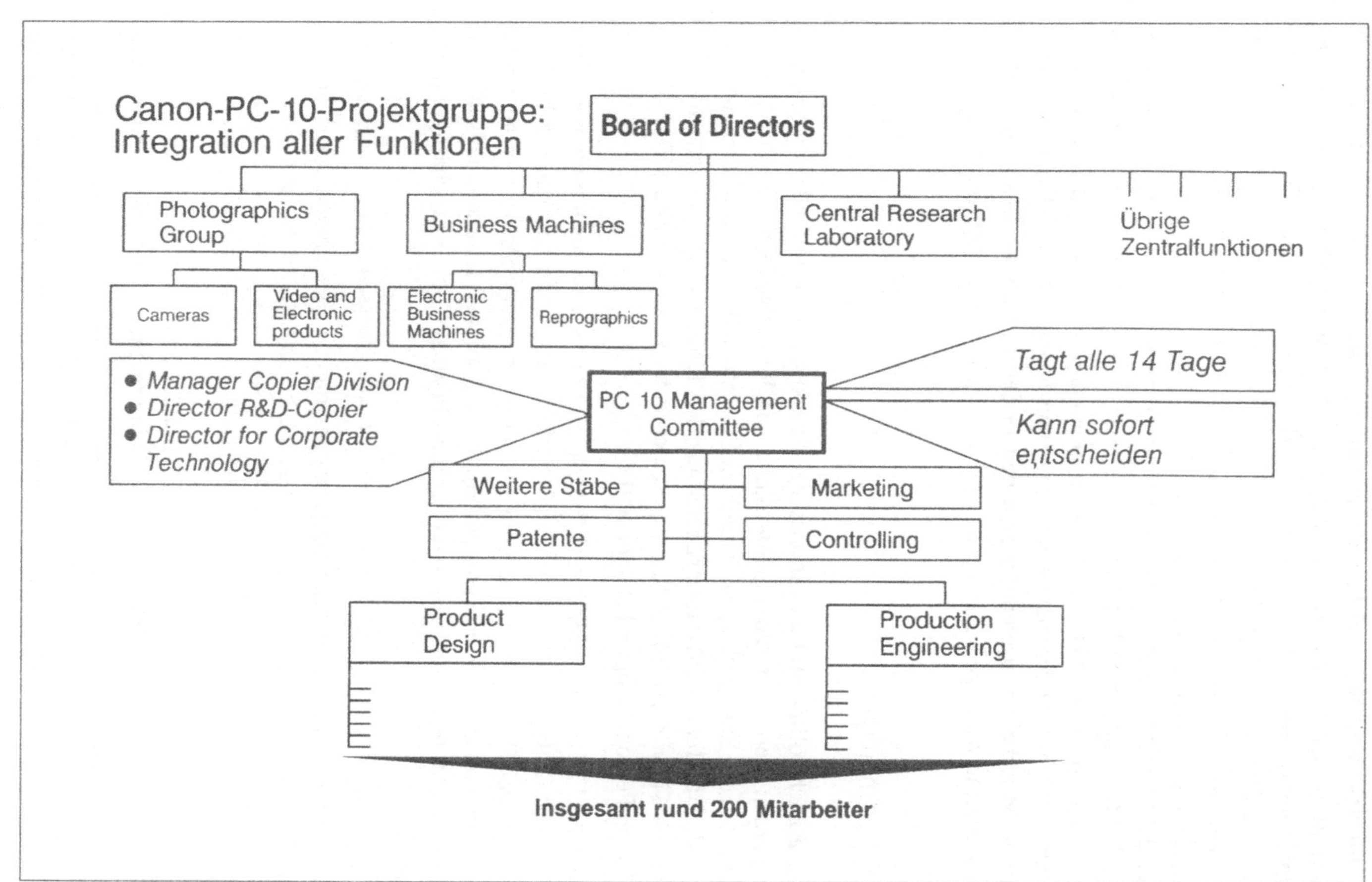

Schaubild 10:   Projektmanagement Canon PC-10

über die Task-force auf hoher Ebene bis hin zu informellen Kleingruppen, die weniger als ein Jahr zusammenarbeiten.

In den Zusammenhang des Projektmanagements gehört auch der Abbruch von Innovationsprozessen. Zu welchem Zeitpunkt er ins Auge zu fassen ist, hängt vor allem davon ab, wann im jeweiligen Innovationsprozeß die Hauptrisiken und -kosten auftreten. Bei vielen Konsumgütern liegt dieser Abbruchszeitpunkt sehr spät im Projektverlauf, da erst nach der Einführung in den Testmarkt hohe Kosten auftreten. In der Pharma-Industrie dagegen ist in der Entwicklung zwar die vorklinische Phase relativ billig, die klinische Phase jedoch deutlich teurer. Hier sollte man über das Projektmanagement sicherstellen, daß eine wenig erfolgversprechende Innovation noch in der Entwicklungsphase abgebrochen wird.

V. Markteinführung risikobewußt steuern

Vergleicht man die Markteinführung innovativer Produkte und klassischer Produkte miteinander, so stellt man vor allem in der Bedeutung der Marketinginstrumente und in den Freiheitsgraden für ihre Ausgestaltung entscheidende Unterschiede fest (siehe Schaubild 11). Bei klassischen Produkten sind die Absatzkanäle weitgehend festgelegt, und in der Kommunikation kommt es darauf an, den zusätzlichen Nutzen zu erklären und sich gegenüber Wettbewerbern zu differenzieren; in der Preispolitik sind die Freiheitsgrade eingeschränkt, weil oft durch Wettbewerbs- oder Vorgängerprodukte die Preisstellung in etwa vorgegeben ist. Bei innovativen Produkten dagegen ist man häufig in Wahl und Ausgestaltung der Vertriebskanäle noch weitgehend frei; die Kommunikation kann neu gestaltet werden, und auch in der Preispolitik hat man sehr viel mehr Spielraum.

Gerade wegen dieses relativ großen Handlungsspielraums kann für innovative Produkte in der Phase der Markteinführung noch viel getan werden, um die Einführungsrisiken – kosten-, technik-, markt- und wettbewerbsbezogen – zu minimieren. Das erfordert in manchen Fällen einen sequentiellen Einstieg in verschiedene Marktsegmente, immer aber die sorgfältige Berücksichtigung des Wettbewerbs bei der Wahl des Einführungszeitpunktes.

1. Sequentielle Marktabdeckung

Wie man die Markteinführung eines neuen Produktes so kostengünstig wie möglich gestaltet, demonstrieren Canon und Sony bei der Vermarktung neuer elektro-

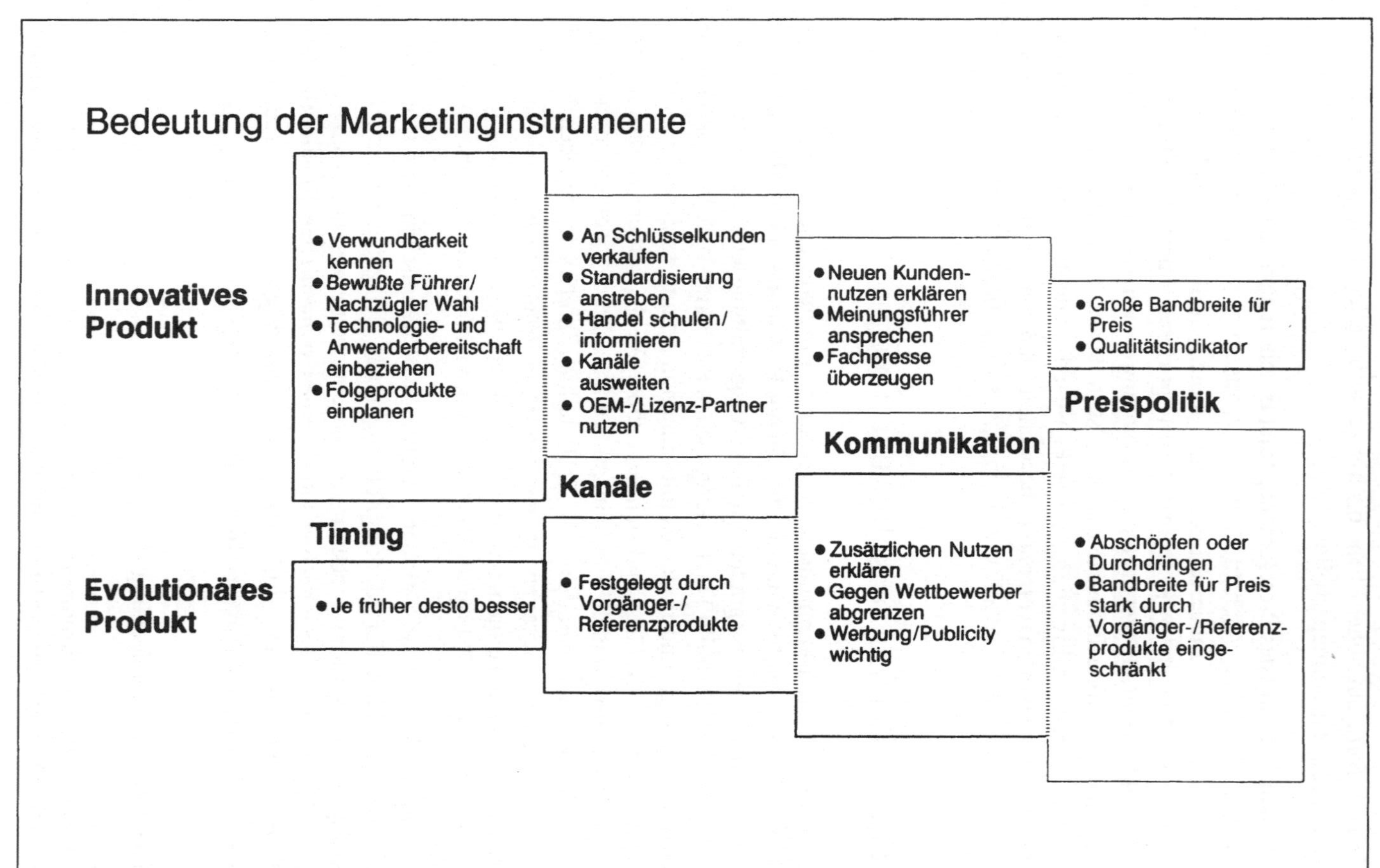

Schaubild 11:   Bedeutung der Marketinginstrumente

nischer Kameras. Die Geräte sind im Augenblick der Markteinführung weder von der Leistung (z.B. Bildqualität) noch vom Preis her gegenüber herkömmlichen Kameras wettbewerbsfähig. Die Hersteller nutzen daher mit einer klaren Nischenstrategie andere Produktstärken: Sie verkaufen zunächst an solche Kunden (z.B. Fotoreporter), denen eine schnelle Verfügbarkeit wichtiger ist als die Qualität oder der Preis. Bei Tageszeitungen zum Beispiel ist die schlechtere Auflösung der Kamera unproblematisch, weil die erforderliche Bildqualität durch das relativ grob gerasterte Druckbild bestimmt wird. Viel wichtiger ist für die Reporter, daß sie ein Foto aus einer elektronischen Kamera mit einem Akkustikkoppler direkt über Telefon an die Redaktion schicken können.

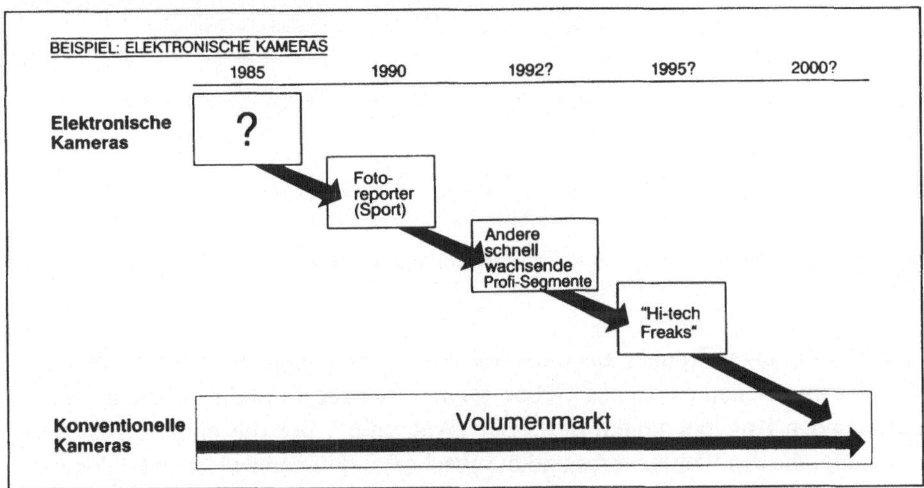

Schaubild 12:   Sequentielle Markteinführungs-Strategien

Auf diese Weise ergeben sich für den Hersteller bereits im Testmarkt eine Reihe nützlicher Lerneffekte, und er ist wegen der höheren Preise nicht unmittelbar von Skaleneffekten abhängig; so ist es möglich, die Phase, in der die Wirtschaftlichkeit der Innovation nicht gesichert ist, zu überbrücken (siehe Schaubild 12).

2. Wettbewerbsgerechter Eintrittszeitpunkt

Am Beispiel der Substitution von Naphthalin durch Orthoxylol kann man rückblickend sehr gut den Verdrängungsmechanismus im Zeitablauf erkennen: Die Substitution am Markt fand von dem Zeitpunkt an statt, zu dem die Vollkosten für das neue Verfahren unter die Grenzkosten des bestehenden Naphthalin-Verfahrens fielen (siehe Schaubild 13).

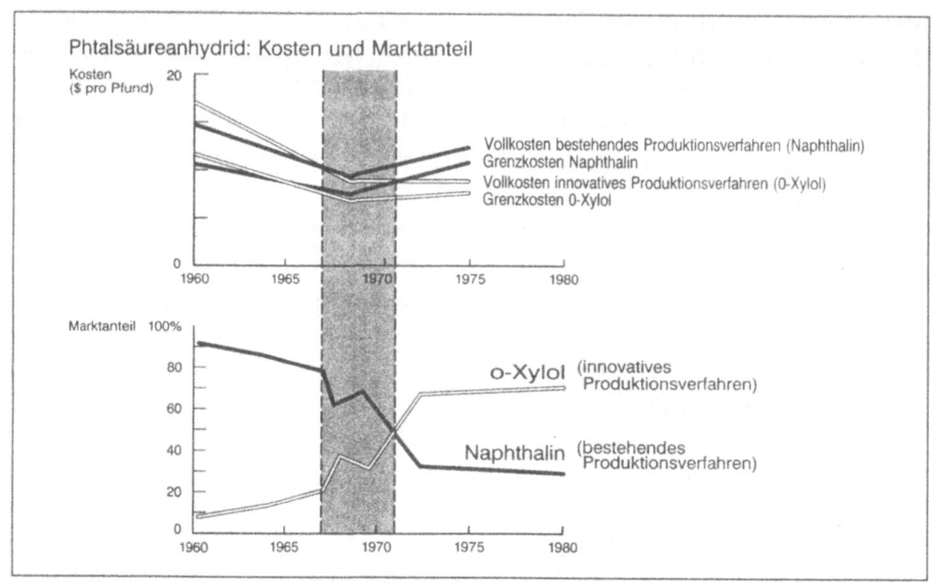

Schaubild 13:   Entwicklung von Kostenposition und Marktanteil

Den Einführungszeitpunkt aus einer solchen Betrachtungsweise heraus festzulegen, ist immer dann oberstes Gebot, wenn das neue Produkt direkt mit einem
bestehenden Angebot konkurriert. Ein „Angreifer", der die eigene Kostenent-
wicklung, die des Wettbewerbs und die Wechselwirkungen zwischen beiden nicht
sehr genau versteht, läuft Gefahr, durch einen falschen Einstiegstermin kostspie-
lige Fehler zu machen und eventuell den Innovationserfolg ganz aufs Spiel zu setzen. Denn solange die Grenzkosten seines innovativen Produktes signifikant über
den Grenzkosten des alten Produktes liegen, ist der Angreifer gefährdet, und er
braucht einen langen Atem, wenn der „Verteidiger" seinen Preis bis auf seine
Grenzkosten absenkt. Rechts vom Schnittpunkt der Grenzkostenkurven ist dagegen der Verteidiger gefährdet (siehe Schaubild 14).

Ebenso wichtig wie der richtige Einstiegszeitpunkt kann es sein, in einem weitgehend neuen Markt Positionen möglichst schnell und „flächendeckend" zu beset-
zen. Diese Strategie verfolgte Canon beim Personal Copier. Zum einen sorgte die
Erschließung neuer Vertriebskanäle, wie zum Beispiel Großhandelshäuser, für eine
frühzeitige breite Marktpenetration. Zum anderen sicherte die Lizenzvergabe an
Minolta, Sharp und andere Wettbewerber die Kontrolle über deren Technologieentwicklung, und auch als OEM-Partner war Canon über die Zulieferung wichtiger
Komponenten ein Informationsvorsprung im Wettbewerb sicher.

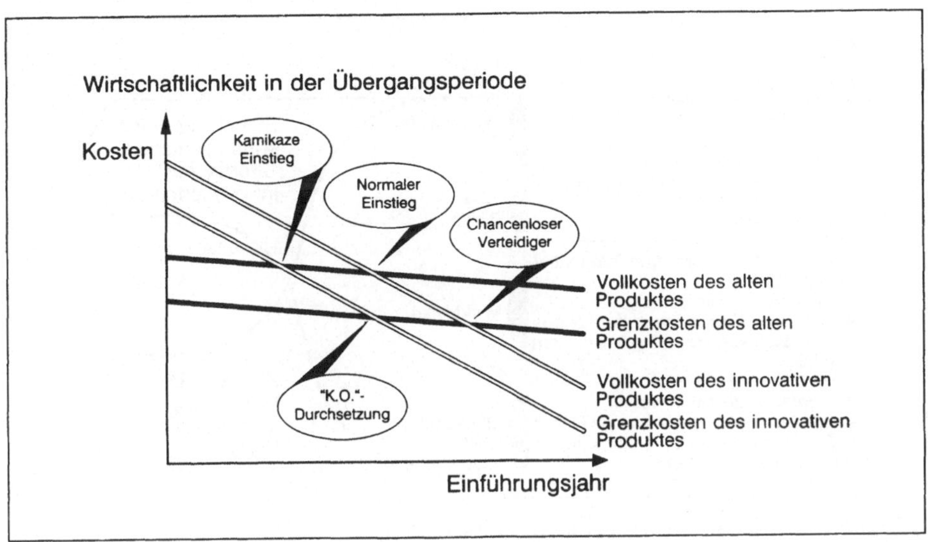

Schaubild 14:   Wirtschaftlichkeit in der Übergangsperiode

Mit dieser Einführungsstrategie erzielte der Canon PC-10 jährliche Wachstums-
raten von 60 % und kam innerhalb ganz kurzer Zeit auf ein Jahresvolumen von
300.000 Stück. Die Phase, in der der Angreifer gefährdet ist, wurde verkürzt und
gleichzeitig das Risiko mit anderen geteilt.

C. Zusammenfassung

Das mehrfach angesprochene Beispiel der Firma Canon ist deshalb so geeignet,
weil sich hier im Rückblick über mehrere Jahrzehnte die ganze Breite musterhafter
Innovationsförderung nachweisen läßt: Sowohl für den kontinuierlichen Strom
von Innovationen als auch für die zielbewußte Umsetzung und Vermarktung der
innovativen Ideen wurden die Voraussetzungen geschaffen – durch ausgiebige
Technologieentwicklung im Vorfeld, intensive Marktforschung, bis hin zu Patent-
anmeldungen und Lizenzvergabe im Zuge der Markteinführung und Integration
aller Funktionen sowie eigenständige organisatorische Einheiten für die Betreuung
des neuen Produktes (siehe Schaubild 15).

Diese Art von Innovation ist ihrer Natur nach kein einmaliger Kraftakt, sondern ein
fortlaufender Prozeß. Ob seine Qualität und Richtung stimmen, muß periodisch
überprüft werden, zum Beispiel anhand folgender Fragen nach den Rahmenbe-

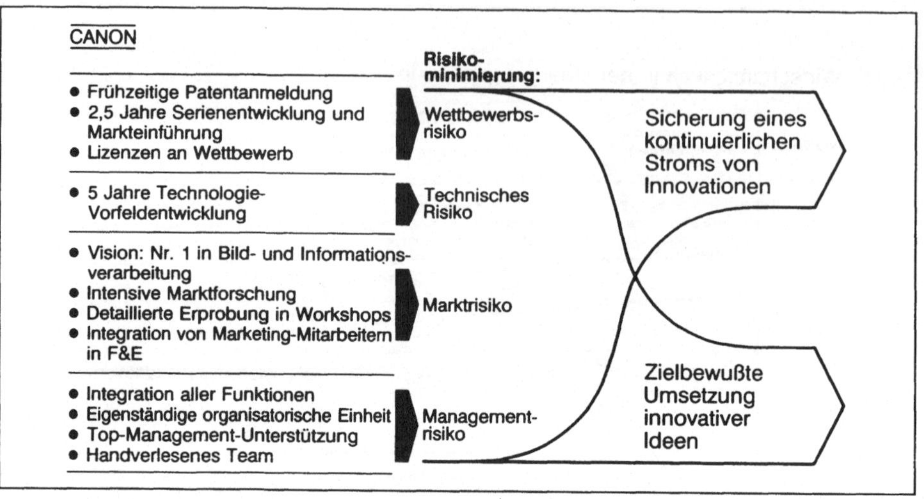

Schaubild 15:   Schaffung der Erfolgsvoraussetzungen

dingungen für innovative Denkweisen und nach den Fähigkeiten zur erfolgreichen Umsetzung und Vermarktung:

Tun wir genug, um innovative Denkweisen durch Kundenorientierung zu fördern?

- Verstehen wir unsere Anwender gut genug? (Zum Beispiel: Welche unserer geplanten Innovationen erfüllen wirklich Kundenbedürfnisse, die bisher nicht abgedeckt werden?)

- Wie definieren wir den Nutzen und die Grenzen der Technologie, die diese Innovationen transportiert?

- Welche Innovationen in unserem Geschäftssystem könnten neuen Kundennutzen schaffen?

- Was ist unsere Vision für unsere Rolle am Markt?

- Welche Instrumente zur Überwindung von Schnittstellen haben wir etabliert?

- Wie wird die Peripherie in die Problemlösung eingeschaltet? (Ist die Ideensuche systematisiert?)

– Haben wir den richtigen Zeitplan für unsere Entwicklungs- und Einführungsstrategie?

– Wie sorgen wir dafür, daß unsere Entwicklungsstrategie die Opportunitätskosten und das Eintrittsrisiko minimiert?

– Welche Multiplikatoren nutzen wir für die schnelle Marktpenetration?

– Wie fördern wir die aggressive Umsetzung durch die Unternehmenskultur? (Lassen z.B. Stil, Struktur, Systeme und andere Führungselemente das Aufkommen von Champions zu?)

– Wie stellen wir die Qualität unserer Mitarbeiter sicher?

– Welche Filter bauen wir ein, um – trotz aller Freiheiten für Champions und Projektteams – wenig erfolgversprechende Innovationen rechtzeitig abzubrechen?

Wenn sich ein Vorstand nur drei Stunden im Jahr mit dem F&E-Programm beschäftigt, dann findet Innovationsförderung de facto nicht statt. Die meisten Unternehmen müssen aber erfahrungsgemäß ihre Innovationsfähigkeit steigern; sie brauchen Innovationsförderung auf höchster Ebene. Das bedeutet, ein besseres Verständnis des Kundennutzens und des gesamten Geschäftssystems unter Einbeziehung der Zulieferer und der Kunden. Es bedeutet auch stärkere Orientierung an Opportunitätskosten als „Kosten des Unterlassens" – die in keiner Bilanz und in keiner Gewinn- oder Verlustrechnung erscheinen. Kurz, der Innovationsprozeß braucht am Anfang mehr Förderung der Kreativität und am Ende strafferes Management.

Horst Albach

Innovationszeitmanagement

A. Vorbemerkungen

Zunächst eine Vorbemerkung: was ich zu berichten habe, stammt aus einer laufenden Arbeit, die in der Akademie der Wissenschaften zu Berlin durchgeführt wird und hoffentlich Ende des Jahres abgeschlossen werden kann. Sie stellt sich der Frage: welche Folgen hat eigentlich „Europa 1992" für die Innovationsfähigkeit und für die Innovationstätigkeit europäischer Unternehmen. Konkret gesagt: Hat die Heterogenität der Kulturen in Europa dann, wenn die Grenzen und Vorschriften weggefallen sind, einen stimulierenden Einfluß auf die Innovationstätigkeit in Europa mit der Folge, daß wir eine deutliche Überlegenheit in der Innovationstätigkeit gegenüber homogenen Kulturen wie Japan gewinnen könnten, oder ist das nicht der Fall?

In diesem Zusammenhang sind wir auch der Frage nachgegangen, ob multinational zusammengesetzte Forschungsteams durch die daraus möglicherweise entstehenden kreativen Konflikte mehr gute Ideen produzieren als homogen zusammengesetzte Teams. Das ist also der Hintergrund der Fragestellung, die ich mit Ihnen behandeln möchte, und ich werde Zeitmanagement nicht in dem Sinne behandeln, daß es um das richtige Timing von Innovationen, d.h. der konkreten Einführung eines Produktes am Markt geht, sondern daß ich frage, wie läßt sich die Gesamtzeit, die ein Innovationsprozeß im Unternehmen verursacht, verkürzen, und welche Zusatzkosten erfordert es gegebenenfalls, wenn man diese Gesamtzeit – von der Idee bis zur Markteinführung – verkürzen will. Dies ist die Fragestellung, die ich mit der Frage nach dem Zeitmanagement verbinden will.

Noch eine weitere Vorbemerkung zu dem, was wir unter Innovation verstehen, und warum Innovation in unterschiedlichen Kulturen sehr unterschiedlich wirkt. Das beste Beispiel für die Innovationswut der Japaner ist ja der berühmte Honda War, in dem Honda gegen Nissan in einem Krieg um Marktanteile antrat. Dieser Krieg wurde nicht als Preiskampf, sondern als Innovationskampf geführt. Honda hat dann in 18 Monaten 87 neue Motorradmodelle eingeführt, und da Nissan nur mit 36 neuen Modellen innerhalb von 18 Monaten kontern konnte, war Nissan fast am Ende. Honda hat den Krieg aber vor der Vernichtung des Gegners abgebrochen. Man kann sich leicht vorstellen, welche Gewinne jemand machen muß, der innerhalb von 18 Monaten 87 neue Produkte auf den Markt bringt. Die Qualität des Wettbewerbs in Japan ist anders als in anderen Ländern. Sie betrachtet den Mitwettbewerber nicht als Gegner, sondern als einen Partner, um Verbesserungen der Qualität von Produkten und die Neueinführung von Produkten zur Stiftung von mehr Kundennutzen zu erreichen. Das ist ein sehr wichtiger Effekt; das Preisniveau bei einem solchen Wettbewerb ist außerordentlich hoch, und die Rentabilität ist ausreichend hoch.

Das zweite Beispiel, auf das ich hinweisen will, betrifft nun in der Tat den Innovationszeitpunkt, den Einführungszeitpunkt, aber ich will damit nur demonstrieren, wie wichtig es ist, das Zeitmanagement von der Idee bis zu Einführung im Griff zu haben. Bei einem Gespräch, bei dem es dieser Tage um die Entwicklungszeiten für Mikroprozessoren ging, sagte mir mein Gesprächspartner, daß man schon 35 % des potentiellen Marktes verloren habe, wenn man nur 6 Monate zu spät mit einem neuen Mikroprozessor am Markt ist. Hier sind also die Opportunitätskosten, von denen Herr Schrader gesprochen hat, ganz ungewöhnlich hoch. Und wenn man weiß, daß der Bau einer Fabrik für Mikroprozessoren zwei Jahre dauert, man also Genehmigungen der Stadtverwaltungen und sonstiger Behörden schon zwei Jahre vorher haben muß, und daß eine solche Fabrik einige hundert Millionen D-Mark kostet, dann kann man sich vorstellen, welche Verluste man erzielt, wenn man 3 Monate zu spät kommt, der Gegner also schon da ist.

Wir haben es heute mit Märkten zu tun, die ganz außerordentlich abhängig sind von Innovationen. Ich will hier nur ein Beispiel erwähnen, das zeigt, wie dringend gerade bei kleinen Unternehmen die Probleme anstehen. In einem bestimmten Unternehmen der Spielwarenindustrie, das mit Mühe und Not über den Fast-Konkurs gebracht werden konnte, werden heute 80% des Umsatzes mit neuen Modellen gemacht. Wenn wir nicht mit neuen Modellen, die auch eingeschlagen sind, auf der Nürnberger Spielwarenmesse hätten auftreten können, wären wir heute wirklich „weg vom Fenster". Deshalb also ist, und das sollte die Vorbemerkung sagen, Innovationszeitmanagement ganz außerordentlich wichtig.

Im folgenden werde ich zunächst einige allgemeine Ausführungen machen. Ich werde Ihnen dann eine Reihe von Tabellen zeigen, die die Bedeutung des Zeitmanagements im internationalen Vergleich sichtbar machen sollen, und diese besprechen.

B. Grundsätzliche Bemerkungen zum Innovationszeitmanagement

I. Der Innovationsbegriff

Zunächst also zu den grundsätzlichen Bemerkungen über Innovationszeitmanagement: Vor allem muß hier klar definiert sein, was wir unter einer Innovation verstehen. Wir verstehen darunter die auf Forschung und Entwicklung beruhende Markteinführung neuer technischer Produkte. Ich gehe also nicht auf Dienstleistungen ein. Wir benutzen mithin einen sehr engen Innovationsbegriff, der gekennzeichnet ist dadurch, daß es sich um technische Produkte handelt, die Forschung und Entwicklung, also einen Innovationsprozeß im Unternehmen, voraussetzen, und der die Markteinführung als Abschluß des Innovationsprozesses mitumfaßt. Die Frage, ob diese Innovation dann erfolgreich ist oder nicht, ist eine Frage der Innovationshöhe, aber nicht mehr eine Frage der Innovation als solcher. Der Markterfolg ist also unabhängig von dem Innovationsbegriff. Es kann eben auch sein, daß man ein Produkt am Markt eingeführt hat und es sich als Flop erweist. Gleichwohl ist es eine Innovation – allerdings keine erfolgreiche.

Damit gehört zweitens zu diesem Innovationsbegriff der Innovationsprozeß. Der Innovationsprozeß gliedert sich in verschiedene Stufen – wir unterscheiden sechs, aber die will ich hier nicht im einzelnen angeben. Sie fangen jedenfalls an mit der Ideensuche, der Erfindung, und es schließen sich an der Screening-Prozeß, der Aufbau von Fertigungskapazitäten und dann der Markteinführungsprozeß. Diese Stufen also gilt es zu managen, und dies erfordert eben Zeit. Die Frage, die wir uns stellen wollen, lautet: wie bekommt man diese Zeit in den Griff? Dazu muß man natürlich wissen, wovon der Erfolg von Innovationen abhängt, denn das Management muß ja diesen Innovationsprozeß steuern. Wir sagen, es geht im Grunde um zwei Aspekte: Der eine ist das Ideenmanagement, und der andere ist das Zeitmanagement.

II. Die Erfolgsfaktoren von Innovationen

Beide Aspekte sind außerordentlich wichtig, denn die vier Erfolgsfaktoren, die wir identifiziert haben, und die sich in gewisser Weise in Verbindung bringen lassen zu den vier weichen Faktoren von Herrn Schrader, sind unterschiedlich wirksam für

46

das Ideenmanagement und das Zeitmanagement. Ich will diese vier Faktoren nennen: es handelt sich um Wissen, es handelt sich um Spielraum, es handelt sich um Integration und um Engagement.

Wenn wir diese vier Faktoren betrachten, dann sehen wir: was das Ideenmanagement angeht, so ist es wichtig, einen Zugriff auf Wissen zu haben, um Ideen zu generieren. Denn Innovationsideen entstehen im allgemeinen daraus, daß man auf mehrere Wissensbasen zugreift und diese kreativ miteinander verbindet, um eine neue Produktidee herbeizuführen. Das Management von Wissensbasen ist also ganz außerordentlich wichtig: nämlich wie dieses Wissen zustande kommt, und wie es dann im Unternehmen gemanaged wird. Ich will darauf jetzt nicht eingehen, weil es mehr zum Ideenmanagement gehört als zum Zeitmanagement.

Das zweite Kriterium für den Erfolg von Innovationen, Spielraum, ist vielleicht auch mehr dem Ideenmanagement zuzurechnen als dem Zeitmanagement. Unter Spielraum verstehen wir die Freiheit, die der einzelne Mitarbeiter in der Forschung, in der Entwicklung, aber auch im Marketing bei der Produktentwicklung hat, um seine Ideen auszuprobieren, durchzuführen, auch selbständig in den Papierkorb zu werfen, ohne daß jeder seiner Schritte verfolgt wird.

Ich will an dieser Stelle ein kleines Wort zu der Bemerkung von Herrn Schrader über Kontrollorgane sagen. Er hat ja sehr vorsichtig vom Controlling gesprochen. Wir haben die Erfahrung gemacht, daß in den gut geleiteten Firmen das Forschungscontrolling geradezu zur Hilfestellung für neue Produktideen und für die Durchsetzung von Produktideen eingesetzt wird, also demjenigen, der eine neue Idee entwickelt hat, dazu verhelfen kann, daß sie nicht sofort getötet wird. In guten Forschungscontrollingabteilungen wird die Arbeit als Dienstleistung für den Entwickler empfunden und nicht als Ideentöter.

Wissen und Spielraum wären also zwei Faktoren, die ich eher dem Ideenmanagement zurechnen würde, während die beiden anderen Faktoren, Integration und Engagement, nun zu dem gehören, was wir das Zeitmanagement bei Innovationsprozessen nennen können.

Warum Integration? Nun, wenn ich die Zeit, die ein Innovationsprozeß dauert, verkürzen will, dann kommt es ganz offenbar darauf an, alle diejenigen, die Zugriff auf Wissen haben, und die dieses Wissen weiterverarbeiten wollen, miteinander eng zu verzahnen – zu integrieren. Das gilt sowohl für die Personen als auch für das Informationssystem im Unternehmen ganz grundsätzlich. Darauf werde ich noch etwas ausführlicher eingehen müssen.

Ebenso wichtig ist weiterhin das Engagement – das Commitment, wie man auf neu-deutsch sagt. Hier scheint es wohl selbstverständlich zu sein, daß derjenige, der sich besonders hingibt für eine neue Produktidee, sie auch durchsetzt. Im Promotorenmodell ist das der Fachpromoter, der dort aber interessanterweise den Machtpromoter braucht, der das Engagement des Forschers für die Sache nun auch in ein Engagement für das Unternehmen umsetzt. Herr Schrader hat vom Champion, dem Produktchampion, gesprochen, der mit voller Seele hinter seiner neuen Produktidee steht und sie durchboxt; es gibt viele Geschichten von Innovationen (auch neue Fallstudien, wie wir sie in der Akademie durchgeführt haben), die das belegen. In unserem Kulturkreis ist es in der Tat wohl der Produktchampion, dem man dann Spielraum geben muß, damit er ein neues Produkt durchsetzen kann.

Das schönste Beispiel dafür habe ich einmal in einem USW-Seminar erlebt, an dem der Produktmanager für Duschdas teilnahm, der erzählte , wie er diese Idee durchsetzte, zumal die Produktanforderungen außerordentlich hoch waren. Was man bei Beiersdorf vorhatte, sollte ein Produkt sein, das nicht sofort wegläuft, wenn man unter der Dusche steht, gleichzeitig aber auch nicht aggressiv für die Haut ist. Er schilderte dann, wie er mit einem Sample der deutschen Dauerduscher nun Produkttests gemacht hat, wobei die Definition eines deutschen Dauerduschers die ist, daß er pro Tag mindestens eine dreiviertel Stunde hintereinander unter der Dusche steht. Man kann sich also vorstellen: wenn dann die Haut nicht angegriffen werden soll, dann ist das ein Problem, und man spürte das enorme Engagement, das bei diesem Produktchampion mitgewirkt hat, diese endlosen Versuche bis zum endgültigen Duschdas durchzusetzen. Dieses Beispiel verdeutlicht, daß Engagement bei uns stärker auf das Individuum ausgerichtet ist.

Unsere vorsichtigen Untersuchungen in Japan haben gezeigt, daß es hier das Engagement des ganzen Teams ist, das sehr viel stärker im Mittelpunkt steht. Produktchampions kennt man in japanischen Unternehmen überhaupt nicht, Vorstellungen wie der IBM Fellow wären jedenfalls in Japan ganz unbekannt. Mein Eindruck ist, daß die Vorstellung von dem Produktchampion in diesem Kulturkreis nicht entwickelt wird.

Daß es gleichwohl ein ähnliches Engagement gibt, das glauben wir auf bestimmte konfuzianische Werte zurückführen zu können, die zum einen sehr stark die Praxisorientierung, die praktische Machbarkeit betonen, also viel weniger die theoretischen Erklärungen in den Vordergrund stellen. Zum andern ist die Aufmerksamkeit für das Detail als eine konfuzianische Tugend zu nennen, die auch jetzt in der anlaufenden Bildungsreform in Japan sehr stark in den Vordergrund gestellt wird. Dem Detail eine sehr große Aufmerksamkeit zu widmen, bedeutet natürlich auch, daß man jedes Detail verbessern will, und diese Wut, dieses Engagement zur Verbesserung des Details führen natürlich zu Innovationsideen, allerdings auch zu dem, was Herr Schrader den „trial and error"-Prozeß genannt hat. Denn wenn ich nicht so sehr an den theoretischen Erklärungen als vielmehr an der Machbarkeit interessiert bin, dann führen Liebe und Engagement fürs Detail plus Praxisnähe zu einem solchen „trial und error"-Prozeß.

Ich kann nun den Begriff des Zeitmanagements präzisieren. Unter Zeitmanagement verstehe ich, daß Antworten auf die Fragen gefunden werden: wie steuere ich Integration im Unternehmen und wie manage ich Engagement. Dies sind die beiden zentralen Phänomene, und ich will hinzufügen, daß dieses Management von Engagement nach unseren Untersuchungen für alle erfolgreichen Unternehmen auch in Europa ein zentraler Punkt ist. Es gibt hervorragende finnische Unternehmen, die wir mit einem Kollegen untersucht haben, bei denen gerade dieses Managen von Engagement in der gesamten Mannschaft das eigentliche Erfolgsrezept darstellt.

III. Zeitmanagement als Management der Verständigung

1. Management der Verständnisfähigkeit

Was muß man nun zum Zeitmanagement als solches sagen? Hier geht es mir um die zentrale These, daß Zeitmanagement letztlich eine Art von Informationsmanagement ist, und so liegt es auch auf der Linie dieser Veranstaltung, wenn nachher Herr Baur über Informationsmanagement spricht.

Man könnte zunächst ganz allgemein fragen: was ist das Neue an einem solchen Informationsmanagement? Ich will auf zwei vielleicht als Platitüden empfundene Dinge hinweisen. Einmal bedeutet es, die Menschen, die an einem Innovationsprozeß zusammenarbeiten, müssen sich verstehen können, und zweitens, sie müssen sich auch verstehen wollen.

Ich will das etwas näher erklären. Eine Gruppe, die an einer Innovationsidee arbeitet, muß sich verstehen können, habe ich gesagt. Was bedeutet das, wenn man weiß, daß Innovation den Zugriff auf unterschiedliche Wissensbasen beinhaltet? Es bedeutet, daß Entwicklungsgruppen, Forschergruppen, aber auch nachher Umsetzergruppen verschiedenen Disziplinen angehören – das sind beispielsweise in einem Bereich der Chemiker und der Physiker; dazu gehören aber auch der Marketing- und der Produktionsmann, das ist zum einen der Produktions-Ingenieur und zum anderen der Entwickler. Diese müssen sich ja verstehen können, und die Frage lautet: wie führt man diese verschiedenen Beteiligten möglichst schnell zu einem gemeinsamen Verständnis?

Dazu gibt es offenbar unterschiedliche Muster. Bei uns in Deutschland scheint der Gedanke zu überwiegen, jede solche Gruppe müsse einen Generalisten haben, also jemanden, der sozusagen dieses Netzwerk von Informationen mit den Spezialisten knüpfen kann, weil er jeden versteht – so etwas wie ein Interpreter. Bei uns überwiegt also diese Idee: ich muß in eine Gruppe von hochspezialisierten Menschen jemanden setzen, der Generalist ist und der die Kommunikation zwischen seinen Spezialisten ermöglicht.

Es gibt ein zweites Muster, das wir auch festgestellt haben, allerdings weniger in der Großindustrie als in der mittelständischen Wirtschaft: Suche Zwei-Bänder-Leute, wie wir das nennen, Leute, die in verschiedenen Bereichen gearbeitet haben. Also einen Physiker, der auch mal irgendwas von Farbstoffchemie verstanden hat – der Nierensteinzertrümmerer etwa ist ein typisches Beispiel. Hoff, der den Nierensteinzertrümmerer entwickelt hat, ist in zwei Disziplinen zuhause gewesen und konnte dadurch erkennen, was bei seinem Auftrag, nämlich die Zerstörung der F 104 bei Regen zu erklären, auch etwas zu tun haben könnte mit der Ausbreitung von Stoßwellen – und dies führte dann also zum Nierensteinzertrümmerer. Das zweite Muster ist also: man suche Zwei-Bänder-Leute, lasse die ihre Ideen entwickeln und setze anschließend natürlich die Spezialisten daran.

Ein drittes Muster haben wir vor allen Dingen in Japan festgestellt, in den meisten Firmen, nicht in allen, und das entsteht wie folgt: alle Neuanfänger werden in Japan im April eingestellt, und alle gehen durch das gleiche Traineeprogramm. Auch derjenige, der später in der Forschung arbeitet, muß erst einmal ein halbes Jahr durch die Produktion gehen. Während dieser Zeit entwickelt er ein Netzwerk von Kontakten zu seiner peergroup, so daß er nachher, auch wenn er in der Forschung sitzt, immer sofort den Kontakt zur Produktion hat und die Produktion auch versteht. Aber das Wichtigste ist: er hält enge Verbindungen zur Produktion, so daß es keine Schwierigkeiten gibt bei der Übergabe einer neuen Innovationsidee aus der Entwicklungsabteilung in die Produktionsabteilung. Und wenn man weiß, wie lange das teilweise in Deutschland, aber auch in den USA dauert, dann sollte man diese Idee zumindest prüfen, ob es nicht gut sei, über längere Zeit Produktionsingenieure und Forschungsingenieure, auch Chemiker, mit Chemieingenieuren zusammenarbeiten zu lassen.

Als erstes können wir also feststellen: Zeitmanagement bedeutet das Managen von Teams, die sich verstehen können, was ja nicht selbstverständlich ist.

2. Management der Verständnisbereitschaft

Das zweite ist, die Teams müssen sich auch verstehen wollen. Auch das ist bei den Egoismen, die es eben in der Firma gibt, keineswegs selbstverständlich. Das erfordert einmal Engagement der obersten Unternehmensspitze. Dieses ist nicht selbstverständlich, wie das folgende Beispiel zeigt.

Wir haben die Entwicklung des Wankelmotors untersucht. Nun wird man nicht behaupten, daß das eine große, erfolgreiche Innovation gewesen sei. Darum geht es mir im Augenblick auch nicht, sondern es geht mir um die Frage: wie lange hat der Prozeß gedauert, bis das Problem der Rattermarken beim Wankelmotor gelöst wurde. Die Anfangsschwierigkeiten in der technischen Entwicklung dieses Motors lagen darin, daß die Dichtleisten des Drehkolbens irgendwie an dem Kolbengehäuse ratterten und damit Rattermarken verursachten, die die Leistungsfähigkeit des Motors beeinträchtigten. Das hat bemerkenswerterweise bei Daimler Benz viermal so lange gedauert wie bei Mazda, genauer gesagt: 11 Jahre hier und 3 Jahre bei Mazda, um diese Probleme technisch in den Griff zu bekommen.

Das sind bemerkenswerte Unterschiede in der Art, ein technisches Problem zu lösen, und wenn man sich fragt, woran das lag, dann stellt sich heraus, daß in dem einen Fall die Unternehmensspitze, Herr Matsuda, seinen engagiertesten Ingenieur dafür gewinnen konnte, diese Abteilung Wankelmotor zu leiten und aufzubauen. Und sie wußten: das ist die neue Entwicklung, damit treten wir in den Automobilmarkt ein; wir wollen das Problem lösen und die ersten auf dem Markt sein mit einem solchen innovativen Konzept. Ein großes Engagement der Unternehmensspitze war also vorhanden.

Bei Daimler war das damals anders – ich will die Vorgeschichte hier nicht erwähnen; man kann sie auch nachlesen, wir haben darüber eine Studie erstellt. Aber auch nachher unter Hitzinger hat man es nicht geschafft, die Hubkolbenabteilung von der Wankelmotorabteilung zu trennen, so daß also drei Leute am Wankelmotor herumpöselten und 20 am Hubkolbenmotor, und natürlich war klar: der Hubkolbenmotor war immer besser. Dies konnte auch gar nicht anders sein, da nicht genügend Ressourcen bereitgestellt wurden, es dauernd Auseinandersetzungen gab, und der innerbetriebliche Konflikt dominierte mit der Folge, daß es viermal so lange dauerte, bis das Problem der Rattermarken gelöst war. Das Engagement der Unternehmensspitze fehlte bei Daimler ganz offensichtlich.

Ich glaube also, daß dieses „Miteinander-Wollen" ein ganz wichtiges Element ist. Und es bedarf des klaren Engagements der Unternehmensleitung und der klaren organisatorischen Strukturierung im Unternehmen, wenn man diese Konflikte vermeiden will. Es bedeutet aber immer zweitens auch die Entwicklung von Teamgeist im Unternehmen. Dies läßt sich natürlich sehr leicht sagen, aber es ist in der Praxis sehr schwer. Ich will das an ein paar Punkten verdeutlichen.

Wenn Sie eine Leistungsbeurteilung in der Entwicklung eingeführt haben, die im wesentlichen an dem eigenen Entwicklungserfolg orientiert ist, dann erzeugen Sie damit – und jeder Ökonom wird das ableiten können – den sogenannten NIH-Effekt, den „not invented here"-Effekt. Denn dann darf ja irgend etwas nicht woanders entwickelt worden sein, weil man es selbst entwickelt haben muß, um im Unternehmen voranzukommen, also eine höhere Belohnung zu erhalten.

Zweitens, wenn das Gehalt sich an der eigenen Leistung orientiert, erzeugt man einen höheren Wettbewerb im Team, als wenn die Karriere nicht von der eigenen Leistung in der Forschungs- oder Entwicklungsgruppe abhängt. In Japan hängt weder das Gehalt, noch hängt die Karriere davon ab, daß eine eigene Leistung erzielt wird, mit der Folge, daß dieser innerbetriebliche Wettbewerb um mehr Gehalt und um mehr Karrierechancen in diesen Gruppen nicht herrscht, so daß die Bereitschaft, miteinander zu sprechen, miteinander zu kommunizieren, an der Sache zu arbeiten, jedenfalls in den von uns untersuchten Unternehmen größer ist.

Und wenn drittens gilt, daß jeder Fehler, den ein Untergebener macht, nicht der Fehler des Untergebenen ist, sondern der Fehler des Vorgesetzten (der den Mitarbeiter offenbar nicht richtig angeleitet hat, denn sonst hätte der keinen Fehler gemacht), ist natürlich die Bereitschaft des Mitarbeiters, auch einmal etwas zu wagen, ohne Angst haben zu müssen vor Fehlern, etwas größer. Dieses „Sempai-Kohai"-System, dieses Lehrer-Schüler-Verhältnis in Japan, spielt nach unseren Erfahrungen für die Bereitschaft, miteinander zu sprechen und Probleme im gemeinschaftlichen Gespräch schnell zu lösen, eine bedeutsame Rolle.

Nun habe ich bisher über das Zeitmanagement sehr generell gesprochen, wenn ich gesagt habe, Zeitmanagement wird verbessert, indem man Leute zusammensetzt, die miteinander sprechen können, indem man dies ganz bewußt managed und Vorsorge dafür trifft, daß die Incentivesysteme im Unternehmen auch so wirken, daß die Leute miteinander sprechen wollen.

IV. Einflußparameter des Zeitmanagements

1. Zeiteffiziente Organisation des Entwicklungsprozesses

Wir müssen jetzt etwas konkreter darüber sprechen, wie man dies nun in Organisationen umsetzt. Ich habe wie im Fall Daimler schon darauf hingewiesen, daß es wichtig ist, daß die Unternehmensspitze klare Ziele und Signale setzt, Commitment fördert und den Entwicklungsabteilungen Spielraum gibt, d.h. von dem Ressourcenstreit befreit (natürlich in dem Maße, in dem man es für richtig hält), der sonst permanent einsetzt. Das entscheidende Problem aber ist: wie organisiere ich solche Forschungsgruppen und Entwicklungsgruppen und Pilot-Plant-Gruppen im Innovationsprozeß?

Hier gibt es drei Muster, die man feststellen kann und die ganz offenbar unterschiedlich auf die Zeit, die die Teams brauchen, um die Produktideen weiterzuentwickeln, wirken. Man nennt sie in der Literatur einmal den Rugby-Approach oder das Rugby-Prinzip, das andere ist das Relay-Race-Prinzip, und bei Philips schließlich wird praktiziert, was Tiedemann die Tripel-Helix genannt hat. Worum geht es bei diesen drei Prinzipien?

Ich will sie zunächst erklären. Es geht immer um die Frage, wie man Teams zusammensetzt, damit die Zeit, die das Team benötigt, um eine Aufgabe zu erledigen, möglichst kurz ist. Bei dem Relay-Race-Approach sagt man; ich minimiere die Probleme der internen Kommunikation, wenn ich Leute gleicher Sprache zusammensetze. Ich bilde also Spezialistenteams, und sobald ein Spezialistenteam seine Aufgabe erledigt hat, übergibt es die fertige Teilaufgabe dem nächsten Spezialistenteam, das dann die Dinge weiterentwickelt, wie eben im Staffellauf – im Relay-Race – der Stab von Spezialistenteam zu Spezialistenteam weitergegeben wird. Um im Bild zu bleiben: wer die geraden Strecken laufen kann, der übergibt den Stab dann an den Kurvenläufer.

Anders dagegen ist der Rugby-Team-Approach. Hier sagt man: ich habe auf dem Feld sowohl die Quarterbacks als auch die Angreifer, d.h. das Rugby-Team besteht aus Spezialisten unterschiedlicher Couleur, die ich aber in einer Gruppe zusammenfasse. Dadurch zwinge ich die Leute zu einer Kommunikation, die natürlich schwieriger und zeitaufwendiger ist. Ich minimiere so aber die Schnittstellenprobleme, die bei der Übergabe des Stabes an das nächste Team entstehen.

Wir sind von der Hypothese ausgegangen, daß für die amerikanischen Unternehmen das Relay-Race als Organisation typisch ist; für die Japaner ist dagegen der Rugby-Team-Approach typisch. Wir sind im Augenblick bei der Untersuchung der Frage, ob sich möglicherweise im Laufe des Entwicklungs- und Innovationsprozesses die Betonung verschiebt. Es könnte sein, daß man zu Anfang stärker den Relay-Race-Approach verfolgt, da man etwa die Spezialisten in der Entwicklung von chemischen Substanzen zunächst beieinander haben muß, daß es aber umso wichtiger wird, den Rugby-Team-Approach anzuwenden, je näher die Markteinführung rückt, damit dann auch die Vertriebsleute und die Produktionsleute rechtzeitig mit dabei sind. Aber Sie sahen an dem Beispiel von Herrn Schrader über die Entwicklung des IBM PCs, wie wichtig es auch ist, den Marktspezialisten gleich von Anfang an dabei zu haben.

Der Tripel-Helix liegt die Idee zugrunde, Forschung und Entwicklung, Produktion und Vertrieb zwar als drei getrennte Stränge zu begreifen und zu organisieren, aber doch sofort in eine permanente Verbindung mit Brücken zwischen den drei Strängen zu bringen und diese Verbindung, die ganz entscheidend für den Erfolg des Entwicklungsprozesses ist, während des ganzen Prozesses sicherzustellen.

Ich will hier schon berichten, was Untersuchungen, die nicht von uns, sondern von Ed Mansfield durchgeführt worden sind, gezeigt haben: daß nämlich die Amerikaner diesen Prozeß der permanenten Integration von Entwicklung, Produktion und Marketing nicht so gut im Griff haben mit der Folge, daß sie erhebliche Kosten in das Marketing stecken müssen, um ein Produkt dann doch noch auf den Markt zu bringen, das eigentlich für den Markt nicht hundertprozentig zugeschnitten ist.

Im Hinblick auf die Frage also, wie der Entwicklungsprozeß intern zu organisieren sei, ist auf diese drei Philosophien zu verweisen, und es scheint so, als ob der Rugby-Team-Approach der zeiteffizientere Ansatz wäre.

2. Interne und externe Innovationen

Ich komme nun auf eine zweite Frage des Zeitmanagement, die für unsere Untersuchung auch wichtig ist. Das ist die Frage: muß man denn wirklich diesen gesamten Prozeß von Anfang bis Ende selbst durchführen? Wir haben eben schon von Alternativen wie der der Imitation gesprochen.

Wir nennen es eine interne Innovation, wenn eine Idee im eigenen Unternehmen generiert worden ist, und diese Idee bis zum Ende durchgeführt wird. Wir sprechen von einer externen Innovation, wenn die Idee bei einem Anwender, bei einem Konkurrenten, bei einem Lieferanten oder sonstwo entstanden ist, bis sich an einem bestimmten Punkt – bei von Hippel ist das z.B. beim Anwender – herausstellt, daß man dort nun doch nicht mehr weiterkommt; man wendet sich als Anwender dann etwa an seinen Maschinenlieferanten und fragt, ob er die bereits skizzierte Idee nicht weiterentwickeln könne. Andererseits kann eine externe Innovation auch eine reine Imitation sein, nämlich dann, wenn praktisch das fertige Produkt von der Konkurrenz übernommen und einfach besser an den Markt gebracht wird.

Für uns ist aber die externe Innovation interessanter, die die ersten Phasen – Ideen, Versuche, Ideengeneration – abschneidet, die Idee also von einem anderen übernimmt und dann im eigenen Unternehmen weiterentwickelt. Und hier stellen wir nun ganz bemerkenswerte Unterschiede fest. Ich werde auf diese Zahlen gleich eingehen, die zeigen, daß solche externen Innovationen bei uns sehr viel länger dauern als in Amerika und sehr viel teurer sind, daß es bei uns interessanterweise praktisch keine solchen externen Innovationen gibt, sie in Japan dagegen relativ häufig vorkommen.

Dieses hat natürlich zur Folge, daß der gesamte Entwicklungszeitraum für ein Konkurrenzunternehmen dramatisch verkürzt werden kann, wenn ich die ganze Palette meines Geschäftssystems daraufhin scanne: wo sind denn Ideen, die ich übernehmen und schnell an den Markt bringen könnte?

3. „Know-How-Trading" und staatlicher Einfluß

Eine weitere Möglichkeit, eine Innovation schnell und ohne hohe Zusatzkosten voranzutreiben, ist von Hippel das „Know-How-Trading" genannt worden. Er hat festgestellt, daß in manchen Betrieben – Wettbewerbsrecht hin, Wettbewerbsrecht her – die Ingenieure sich gegenseitig besuchen, Verfahrensentwicklungen kennenlernen und diese übernehmen, ohne daß bilanziert wird: jetzt habe ich die Idee von dem übernommen, und dann muß ich also übermorgen dem die Idee von mir weitergeben, sondern daß dieser Verfahrensausstausch über Verfahrensfortschritte in einigen Industrien vorzüglich funktioniert und zu ganz erheblichen Kosteneinsparungen führt. Ich wollte auf diese Erfahrung des Know-How-Trading hinweisen, das in den USA gut funktioniert und das in Japan vom MITI organisiert wird und dadurch natürlich zu ganz erheblichen Verkürzungen von Innovationszeiten führt.

Ich will noch ein letztes hinzufügen, nur weil es so wichtig für unseren Kontext ist: Zur Innovation gehört natürlich auch die Markteinführung, d.h. das Unternehmen muß produktionsbereit sein. Und das bedeutet natürlich auch Genehmigungsverfahren für neue Fertigungsanlagen.

Wir haben eine Untersuchung für Hoechst gemacht über eine Anlage, die – es handelte sich um nichts Kompliziertes – ein altes Produkt mit einem neuen Verfahren herstellen sollte; das neue Verfahren führte zu einer Reduktion der Abluftbelastung um 97% und zu einer Reduktion der Abwasserbelastung um 99%. Meine Mitarbeiterin war erstaunt, daß eine solche Anlage nicht schon am nächsten Tag genehmigt wurde. Die Genehmigung hat 72 Monate gedauert. Wir haben dann einen Netzplan entwickelt und mit allen beteiligten Stellen nachvollzogen, wie lange es denn gedauert hätte, wenn weder die Genehmigungsbehörde noch die Firma einen Fehler gemacht hätten: Dann hätte es 25 Monate gedauert. Wir haben diese Untersuchung dann mit demselben Verfahren mit drei vergleichbaren Anlagen der Firma Hoechst in Japan durchgeführt. Bei allen drei Anlagen waren die Soll-Genehmigungszeiten kaum kürzer als in Deutschland, aber die Ist-Genehmigungszeit lag in Japan kaum über der Soll-Zeit! Fast vier Jahre Innovationsvorsprung in Japan nur aufgrund von Genehmigungszeiten – kein Wunder, daß Innovationsprozesse auf vielen modernen Gebieten (Biotechnologie!) in Japan stattfinden und nicht mehr in Deutschland. Wer zu spät kommt, den bestraft eben nicht nur die Geschichte, sondern auch der Markt – und zwar hart!

Es ergeben sich also schon dramatische Verkürzungen von Innovationszeiten, wenn wir die Genehmigungsverfahren effizienter gestalteten. Soviel sei also zum Generellen gesagt, und jetzt darf ich Ihnen vielleicht einige empirische Ergebnisse vorlegen.

C. Empirische Ergebnisse

I. Befunde

1. Innovationsanstöße

Ich beginne damit, daß wir uns einmal fragen, woher denn die Innovationsanstöße
kommen. In Tabelle 1 sind die Innovationsanstöße für die Bundesrepublik zunächst nach Branchen unterschieden und dann insgesamt angegeben. Es folgen die
gleichen Angaben für Japan und USA. Man sieht hier, daß bemerkenswerterweise
in den Vereinigten Staaten fast 60 % der Innovationsanstöße aus der eigenen
F&E-Abteilung kommen, in Japan und Deutschland etwa 50 %, und daß von den
Kunden, aus der eigenen Produktion, von den Zulieferern ganz wenig und aus dem
Marketing etwa 20% kommen.

Tabelle 1:   Innovationsanstöße

Land	FuE-Abtl.	Mar-keting	Kunden	Pro-duktion	Zulie-ferer	Andere
Bundesrepublik						
Elektronik	49	18	13	10	5	7
Chemie	44	24	16	9	4	3
Maschinen	42	14	9	18	4	14
Automobil	38	8	28	12	13	2
Büromasch.	35	25	12	4	5	20
Metall	28	16	13	23	6	15
Sonstige	48	11	9	27	2	4
Insgesamt	48	17	17	12	5	9
Japan	47	18	15	15	1	4
U.S.A.	58	21	9	9	0	4

Quelle: Eigene Berechnungen sowie Mansfield, E. (1988 a), p.48

Wir können also sagen: Bei den Innovationsanstößen bestehen noch keine so dra-
matischen Unterschiede. Es scheint doch in allen drei Kulturbereichen dieses
„Production Push"-Modell, auch „F&E Push"-, „Supply Push"- oder Angebots-
Druck-Modell genannt, vorzuherrschen gegenüber dem, was aus dem Marketing
und dem Kundenbereich kommt.

Hier also jedenfalls werden wir weniger kulturelle Unterschiede als gegebenenfalls Branchenunterschiede feststellen.

Man sieht z.B., daß in der Metallbranche wenig Anstöße aus der F&E-Abteilung kommen, hier ist die Produktion fast gleich stark beteiligt; in der Elektroindustrie sind die Anstöße mit 50% aus der F&E-Abteilung natürlich besonders stark. Bei den Büromaschinen ist der Anteil aus dem Marketing relativ stark, und wenn wir ihn mit den Kunden-Impulsen zusammennehmen, dann haben wir soviel wie aus der F&E-Abteilung.

2. Verteilung der Innovationskosten

Wir haben uns auch gefragt, wie es mit der Verteilung der Innovationskosten aussieht. Wenn wir in Tabelle 2 nur wieder die nationalen Unterschiede zwischen der Bundesrepublik Deutschland, Japan und den USA betrachten, so sehen wir, daß in Japan ein besonderer Akzent auf den Werkzeugen und der maschinellen Ausrüstung liegt. Das Markanteste an dieser Zahl ist vielleicht, wie ungeheuer viel die Japaner bei einer Innovation in die Perfektion der maschinellen Ausrüstung investieren. Hier spielt also der Fertigungprozeß eine ganz entscheidende Rolle, und dafür wird auch sehr viel getan. Auch wir sprechen heute immer mehr davon, wie wichtig es ist, ein produktionsgerechtes Design herzustellen. Der Akzent darauf, daß das Produkt nicht nur marktgerecht sein muß, sondern daß es auch billig gefertigt werden kann, und es dazu einer sehr ausgeklügelten Investitionspolitik bedarf, ist vielleicht das Dominante.

Diese Darstellung zeigt, daß wir 35% für Forschung und Entwicklung ausgeben, aber nur die Hälfte der Gesamtkosten bei uns in die Produktion fließt. Natürlich ist es klar: wenn ich Produkte an den Markt bringen will, dann muß ich natürlich auch dafür sorgen, daß die Produkte, die ich entwickelt habe, schnell und gut und ohne Anlaufverluste zeitlicher Art gefertigt werden können. Ich weise auf diese Unterschiede besonders hin zum Nachdenken darüber, ob bei uns genug getan wird, um in dem Innovationsprozeß sicherzustellen, daß die Produkte dann auch zügig und ohne Verzögerung anlaufen können.

Tabelle 2: Prozentuale Verteilung der Innovationskosten (%)

Land	Forschung und Ent-wicklung	Versuchs-produk-tion	Werkzeuge & maschin. Ausrüstung	Produk-tions-aufnahme	Markt-forschg. & -einf.
Bundesrepublik					
Elektronik	43	12	17	11	18
Chemie	33	15	21	12	19
Maschinen	34	24	14	11	1
Automobil	25	20	37	10	8
Büromaschinen	43	5	17	17	17
Metall	37	11	24	12	16
Sonstige	28	18	20	11	24
Insgesamt	35	15	21	12	18
Japan	21	16	44	10	8
U.S.A.	26	17	23	17	17

Quelle: Eigene Berechnungen

3. Innovationszeiten und -kosten in der Gegenüberstellung

Nun komme ich zu dem eigentlichen Thema unserer empirischen Untersuchung, nämlich der Frage: wie sieht es mit einer Gegenüberstellung von Innovationszeiten und Innovationskosten aus? Wir betrachten dazu zunächst einmal die erste Spalte der Innovationszeiten in Tabelle 3. Diese Zeiten beruhen auf Interviews, bei denen wir uns einer von Ed Mansfield entwickelten Methodik angeschlossen haben, um den internationalen Vergleich durchgängig machen zu können. Natürlich ist das Zustandekommen solcher Daten mit allem Vorbehalt zu sehen, denn letztlich geht es ja, wenn man Innovationszeiten erfragt, darum, wie die befragten Personen das einschätzen.

Es ergibt sich jedoch ein konsistentes Bild, und es sind sogar einige signifikante Aussagen dabei ableitbar. Ich will auf die Technik hier nicht näher eingehen, sondern eines deutlich machen. Wenn wir die Innovationszeiten Deutschland / Japan für alle Unternehmen betrachten, dann lautet die Aussage: es dauert bei uns 14% länger als in Japan, eine Innovation von dem Zeitpunkt der Ideengeneration bis zur Markteinführung erfolgreich durchzuführen. Vergleicht man Deutschland / USA, so gibt es keine nennenswerten Unterschiede. Einige sehr deutliche Unterschiede sollten uns in der Chemie zu denken geben: bei uns dauert es 26 % länger, eine chemische Innovation auf den Markt zu bringen, als in Japan. Ich will auf das

Problem der Wettbewerbsfähigkeit unserer chemischen Industrie hier nicht näher eingehen, sondern einfach diese Zahl zum Nachdenken angeben.

Tabelle 3: Verhältnis deutscher zu japanischen und amerikanischen Innovationszeiten und Innovationskosten

Branche	Innovationszeiten		Innovationskosten	
	Deutschl./ Japan	Deutschl./ U.S.A.	Deutschl./ Japan	Deutschl./ U.S.A.
Automobil	1,12*	1,01	1,07	1,04
Büromaschinen	0,94	1,02	1,34**	1,16**
Chemie	1,26**	1,06	1,19**	0,99
Elektronik	1,21**	1,13**	1,17**	1,05
Maschinenbau	1,13**	0,91**	1,08**	0,95
Metall	1,13*	0,94	0,99	1,07
Sonstige	1,00	1,04	1,11*	1,00
Alle Untern.	1,14**	1,01	1,12**	1,01

Alle Werte sind Mittelwerte (MW); mit einer Irrtumswahrscheinlichkeit von 5% (Markierung: *) bzw. von 1% (Markierung: **) ist MW signifikant verschieden von 1.

Quelle: Eigene Berechnungen

Gegenüber den USA haben wir keine nennenswerten Unterschiede zu verzeichnen. In der Elektrobranche brauchen wir zwar mit 13 % signifikant mehr Zeit, doch dafür sind wir im Maschinenbau 9% schneller. Das würde unseren Vorstellungen von der Leistungsfähigkeit dieser Branchen auch durchaus entsprechen.

Schauen wir uns jetzt die Kosten an. Dies sind Kosten für Innovationen, die im eigenen Hause entstanden sind. Es ist noch nicht unterschieden zwischen internen und externen Innovationen. Insgesamt sehen wir auch hier 12 % höhere Kosten im Vergleich zu Japan und praktisch gleiche Kosten in Amerika. Und wir sehen einige Branchen, in denen es bei uns (im Büromaschinenbereich: 34%) sehr viel länger dauert bzw. sehr viel mehr kostet (in der Chemie 20 %, in der Elektroindustrie 17%).

Unser Ergebnis, was das Innovationszeitmanagement angeht, lautet: generell haben wir keinerlei Wettbewerbsnachteile gegenüber den Amerikanern, aber wir müssen uns anschauen, warum die Japaner das Innovationszeitmanagement schneller und dabei billiger durchführen können. Eigentlich würde man ja erwarten: wenn sie es schneller können, dann ist es teurer, aber tatsächlich ist es nicht nur

60

schneller, sondern außerdem auch noch billiger. Das muß man vielleicht etwas näher untersuchen. Wir tun das mit einem nochmaligen Blick auf die durchschnittlichen Innovationszeiten in Tabelle 4. Das ist Ed Mansfields Untersuchung. Das Ergebnis stimmt mit unseren Untersuchungen überein. Tabelle 4 faßt die Ergebnisse zusammen.

Tabelle 4:   Internationaler Vergleich der durchschnittlichen Innovationszeiten und -kosten

Land	Innovationszeiten	Innovationskosten
Deutschland / Japan	1,14	1,12
Deutschland / U.S.A.	1,01	1,01
U.S.A. / Japan	1,12	1,17

Quelle: Eigene Berechnungen sowie Mansfield, E. (1988b), S. 1158 f.

4. Der Vergleich externer und interner Innovationsprozesse

Nun hatte ich gesagt, daß es sehr wichtig ist, sich zu fragen: kommen die Innovationsideen aus dem eigenen Hause oder werden sie von außen bezogen? Wir haben in Tabelle 5 die Ergebnisse einmal ganz komprimiert zusammengefaßt, die sich für das Verhältnis der externen zu den internen Innovationszeiten und -kosten deutscher Unternehmen ergeben.

Tabelle 5:   Externe zu internen Innovationszeiten und -kosten deutscher Unternehmen

Branche	Externe/interne Innovationszeiten	Externe/interne Innovationskosten
Automobil	1,01	0,94
Büromaschinen	0,73**	0,95
Chemie	1,11	1,00
Elektronik	1,06	1,04
Maschinen	1,00	1,00
Metall	0,96	1,76
Sonstige	1,13*	1,14*
alle Unternehmen	1,02	1,02

Alle Werte sind Mittelwerte (MW); mit einer Irrtumswahrscheinlichkeit von 5 % (Markierung: *) bzw. von 1 % (Markierung: **) ist MW signifikant von 1 verschieden.

Quelle: Eigene Berechnungen

Was sieht man aus dem Vergleich? Was die externen und internen Innovationszeiten in Deutschland betrifft, so ist eine externe Innovationszeit nicht vorteilhafter, sondern es dauert eher länger (etwa 2 %), eine Innovation zu internalisieren und zum Ende zu führen, als daß es kürzer dauerte. Es lohnt sich, mit anderen Worten, die interne Innovation. Durch die Adoption einer Idee von außen verliert man soviel Zeit, daß es sich eigentlich nicht lohnt, so vorzugehen.

Wenn Sie die Kosten einer externen Innovation mit den Kosten einer internen Innovation vergleichen, besteht auch kein Kostenvorteil, Ideen von außen zu übernehmen. Das Ergebnis schwankt zwar ein bißchen von Branche zu Branche, aber nur im Büromaschinensektor scheint die Übernahme von Ideen von anderen Abnehmern oder Unternehmen vorteilhaft zu sein, und das ist auch noch signifikant. Im Grunde ist dies eine schreckliche Erkenntnis, daß es bei uns offenbar nicht schneller geht und auch nicht billiger ist, den Markt zu beobachten und auf neue Ideen abzuklopfen.

Sieht das nun in anderen Bereichen und in anderen Ländern anders aus? In Tabelle 6 wird ein Ländervergleich vorgenommen. Für die Bundesrepublik sind das die gleichen Zahlen wie oben. Wir haben ihnen die japanischen und U.S.-amerikanischen gegenübergestellt. Man sieht, die Innovationszeit für externe Innovationen liegt in Japan um 28 % unter der Innovationszeit für interne Innovationen, und sie kosten nur 50 %. Dort ist es ist also tatsächlich günstig, auch kostengünstig, externe Innovationen zu tätigen.

Tabelle 6: Internationaler Vergleich der externen zu den internen Innovationszeiten und -kosten

Land	Externe/interne Innovationszeiten	Externe/interne Innovationskosten
Deutschland	1,02	1,02
Japan	0,72	0,50
U.S.A.	0,98	0,95

Quelle: Eigene Berechnungen sowie Mansfield, E. (1988b), p. 1161

Hier mag z.B. mit der Verlagerung von Forschungsaktivitäten auf Zulieferer auch manches mitschwingen, was die Japaner ein System mit Herz nennen, nämlich ihre Zulieferer-Abnehmer-Bindungen. Offenbar ist jedenfalls die Möglichkeit, durch die enge Kommunikation mit Anwendern und Zulieferern externe Innovationen zu tätigen und dann im eigenen Unternehmen schnell weiterzuführen, außerordentlich stark genutzt worden. In den USA dagegen sind die Dinge nur als geringfügig besser einzuschätzen.

5. Elastizitäten von Innovationen

Eine letzte Darstellung möchte ich nun mit Tabelle 7 vorlegen, und das ist vielleicht die erschreckendste. Man kann sich nämlich fragen, wieviel mehr kostet es denn, wenn ich die Innovationszeit zu kürzen versuche, bzw. wieviel mehr kostet es prozentual, wenn ich die Innovationszeit etwa um 10 % verkürzen will, weil ich unter Konkurrenzdruck gerate?

Tabelle 7:   Elastizitäten von Innovationen

Branche	Deutschland		Japan		U.S.A.	
	intern	extern	intern	extern	intern	extern
Automobil	2,50	2,40	1,90	2,10	4,90	2,20
Büromaschinen	2,33	2,17	1,50	1,67	1,67	1,83
Chemie	2,06	1,55	1,00	1,22	1,89	1,42
Elektronik	1,31	1,38	1,57	1,52	1,80	1,90
Maschinenbau	1,64	1,54	1,48	1,54	1,51	1,41
Metall	1,88	2,25	1,17	1,50	1,83	1,83
Sonstige	2,71	2,96	3,10	3,03	3,39	3,46
alle Untern.	2,06	2,03	1,67	1,80	2,43	2,01

Elastizität $\varepsilon := (\Delta K/K) : (\Delta T/T)$
K = Innovationskosten; T = Innovationszeit
Alle Werte sind Mittelwerte

Quelle: Eigene Berechnungen

Wir sehen für Deutschland: die Kosten steigen um 25 % in der Automobilindustrie, wenn die Zeiten um 10 % verkürzt werden. Vergleichen wir alle Unternehmen, dann steigen sie um 20 %, wenn ich die Innovationszeit verkürzen will. Das ändert sich auch bei den externen Innovationen nicht nennenswert. Bei den Japanern dagegen ergibt sich eine Steigerung um nur 17 % oder 18 % der Kosten, wenn ich die Innovationszeit verkürzen will.

In Amerika ist das sogar intern noch schlimmer, die Kosten steigen noch stärker als bei uns. Das heißt, die Japaner können also kostengünstiger beschleunigen, wenn es im Wettbewerb darauf ankommt. So also lautet die zentrale Aussage dieser Untersuchung, und das gilt für die externen nicht anders als für die internen Innovationen. Extern oder intern: ich spare ín einem deutschen Unternehmen nichts, wenn ich schnell nach jemandem suche, den ich akquirieren kann, um ein neues Produkt aufzunehmen, wohl aber in einem amerikanischen.

II. Ursachen: Die Bedeutung der Informationskanäle

Nun werden Sie fragen: woran liegt das alles? Dazu lege ich vielleicht nur ein einziges Profil auf, denn ich habe ja die These vertreten, daß Innovationszeitmanagement ein Informationsmanagement ist.

Wir haben in Abbildung 1 versucht, Informationsprofile von Unternehmen – nach Deutschland, Japan und USA unterschieden – zu entwickeln. Dabei geht es um die relative Bedeutung der verschiedenen Informationskanäle für den Innovationsprozeß.

Natürlich braucht man immer Informationen von der Geschäftsleitung (Zeile 1), die bestimmte Steuerungsinformationen geben muß wie z.B. „go ahead" oder „jetzt wird abgebrochen". Hier gibt es praktisch keine Unterschiede.

Interessant ist auch die Beziehung zu den Universitäten, (Zeile 4). Da sehen Sie also, daß die Kommunikation mit den Universitäten in Deutschland praktisch keine Rolle spielt. Diese Möglichkeit wird nicht genutzt und interessanterweise auch nicht als besonders wichtig angesehen. Die Kommunikation mit den Universitäten im Entwicklungsprozeß ist in den USA besonders stark ausgeprägt. Daß wir in Japan keine besonders starke Ausprägung vorfinden, liegt daran, daß die großen Unternehmen ihre eigenen großen Forschungsinstitute haben. Ganz wenige Universitäten betreiben dort wirklich angewandte Forschung, in der Technik gibt es das überhaupt nicht.

Bei den Informationen von den Lieferanten (Zeile 5) liegen wir interessanterweise relativ weit vorn, das ist für uns relativ wichtig. Die Informationen von den Konkurrenten sind bei den Japanern interessanterweise praktisch bedeutungslos, da weisen wir etwas mehr, die Amerikaner noch mehr auf.

Informationen aus dem Ausland (Zeile 7) sind bei den Amerikanern besonders wichtig. Es gibt aber eben auch Unterschiede bei der Informationsübermittlung an die Kunden. Hier legen die Amerikaner besonders starken Wert auf die spätere Übermittlung an den Kunden, lassen sich das allerdings auch sehr viel kosten. Sie müssen sich das offenbar auch sehr viel kosten lassen, weil sie weniger Aufmerksamkeit in die Produktion stecken.

64

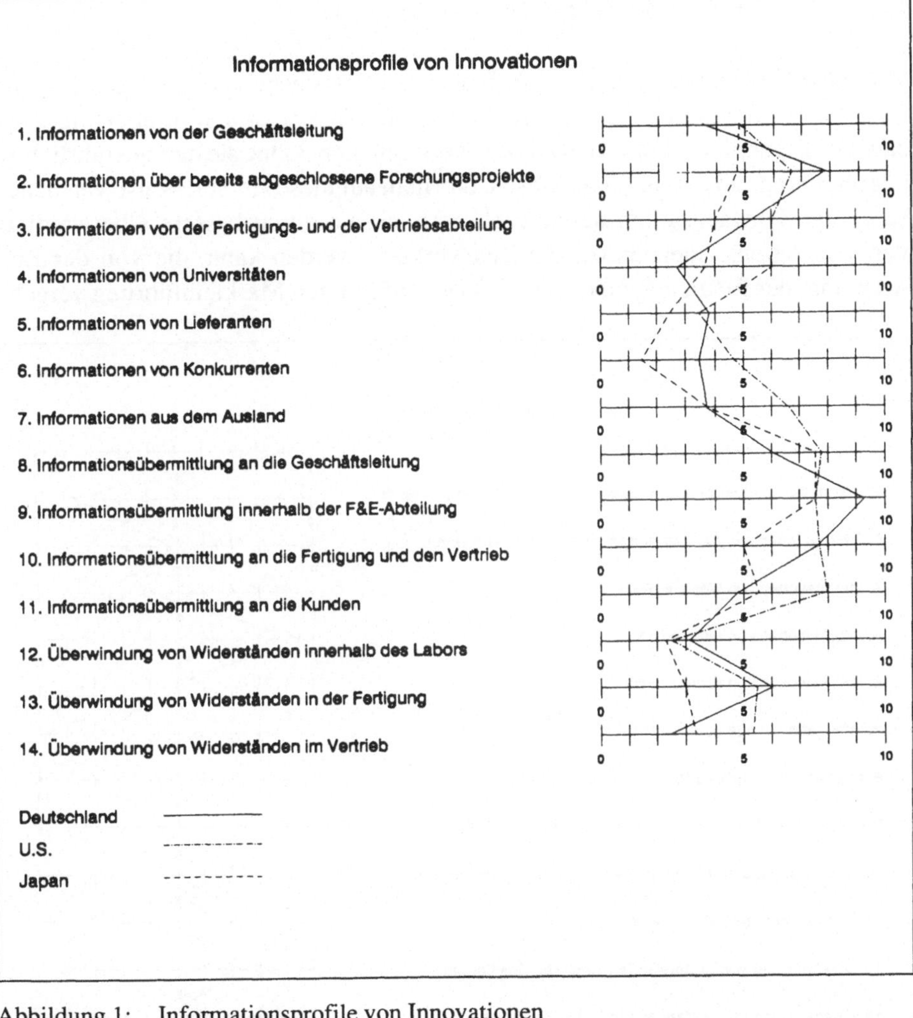

Abbildung 1:   Informationsprofile von Innovationen

Beachten Sie auch die Überwindung von Widerständen in der Fertigung (Zeile 13). Da finden Sie etwas sehr Markantes: die Japaner haben keine Probleme bei der Überwindung von Widerständen in der Fertigung. Wir und die Amerikaner haben dagegen deutliche Probleme bei der Überwindung von Widerständen in der Fertigung, wenn ein Produkt entwickelt ist und auf den Markt kommt.

Auch das ist konsistent: die Amerikaner haben offenbar erhebliche Widerstände im Vertrieb (Zeile 14), offenbar weil sie im Entwicklungsprozeß ungenügend auf den Vertrieb achten. Hier liegen wir mit den Japanern etwa gleich.

D. Branchenspezifische Analysen

Wir haben diese Untersuchungen auch noch auf Branchenebene durchgeführt, und zwar für die Bereiche Chemie, Elektronik, Maschinenbau und Straßenfahrzeugbau. Die Ergebnisse sind in den Abb. 2-5 festgehalten. Ohne sie hier ausführlich zu interpretieren, sei darauf hingewiesen, daß man auf diese Art und Weise versuchen kann, die Schwachstellen herauszubekommen, wo durch bessere Überwindung von Innovationswiderständen die Zeit verkürzt werden kann, die von der Entwicklung, der Erfindung einer Idee bis zur endgültigen Markteinführung vergeht.

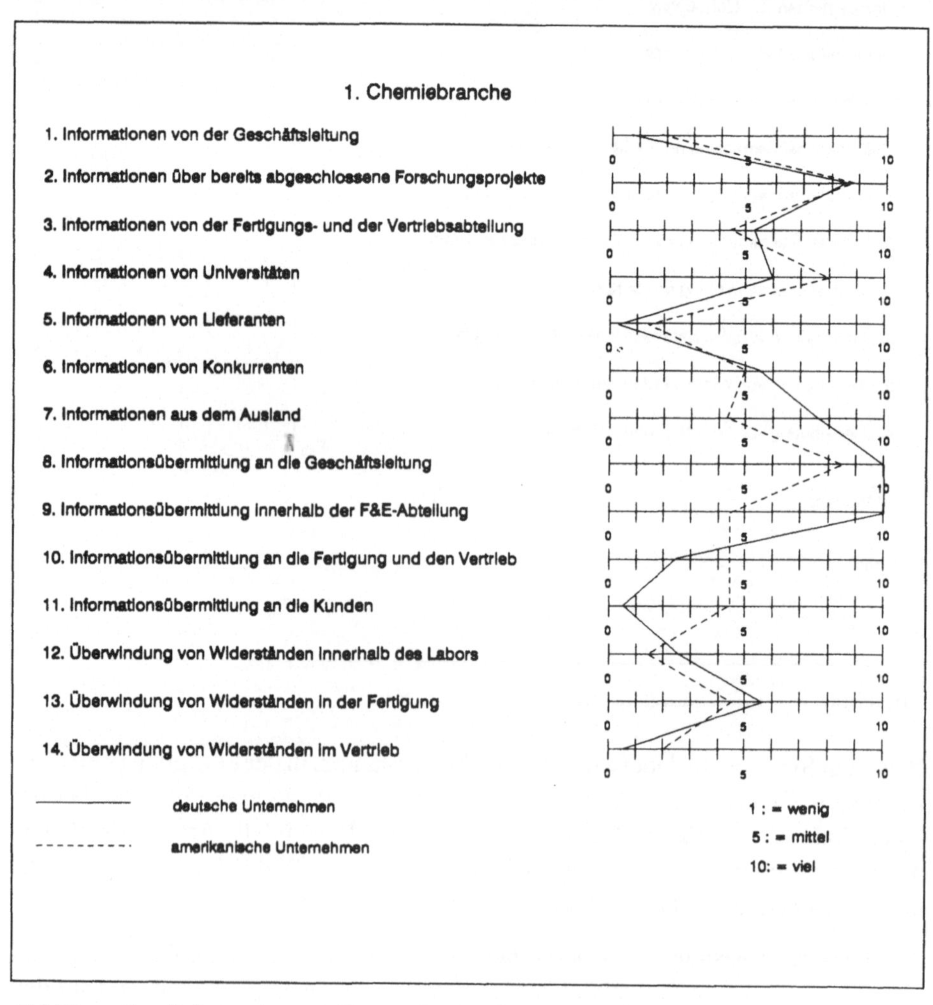

Abbildung 2:   Informationsprofile von Innovationen (Chemiebranche)

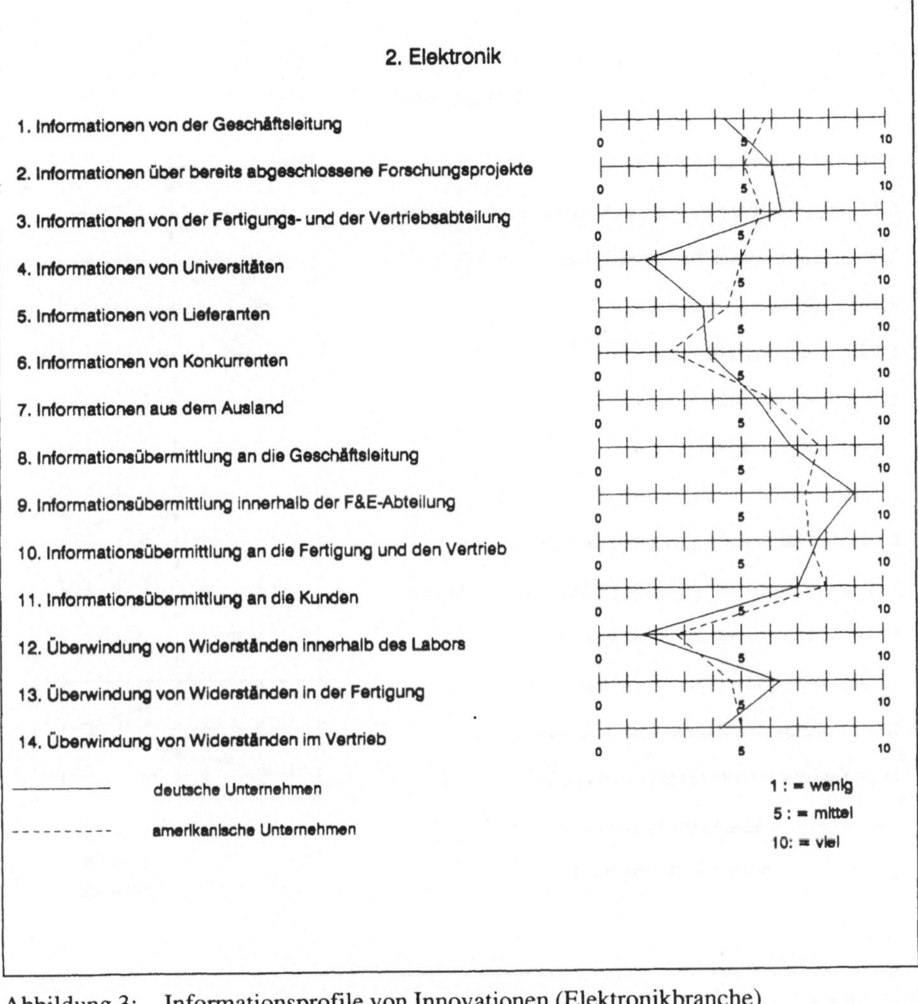

Abbildung 3:   Informationsprofile von Innovationen (Elektronikbranche)

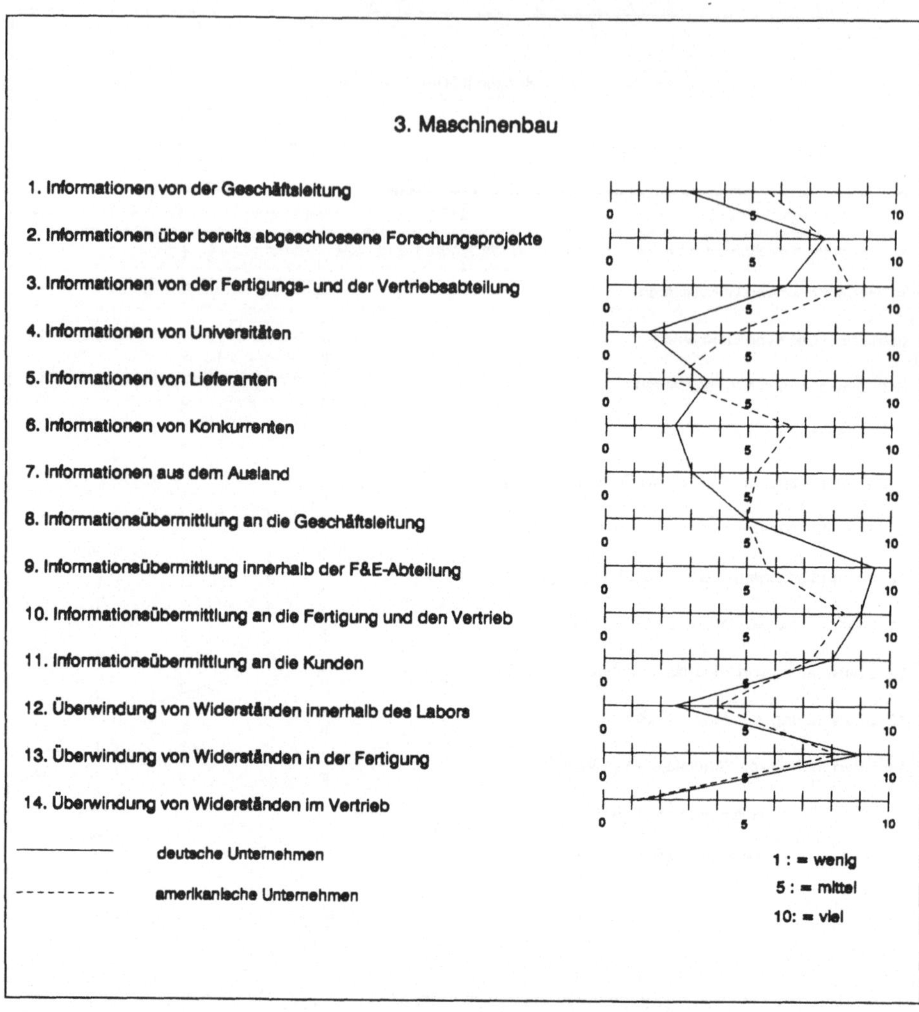

Abbildung 4:   Informationsprofile von Innovationen (Maschinenbau)

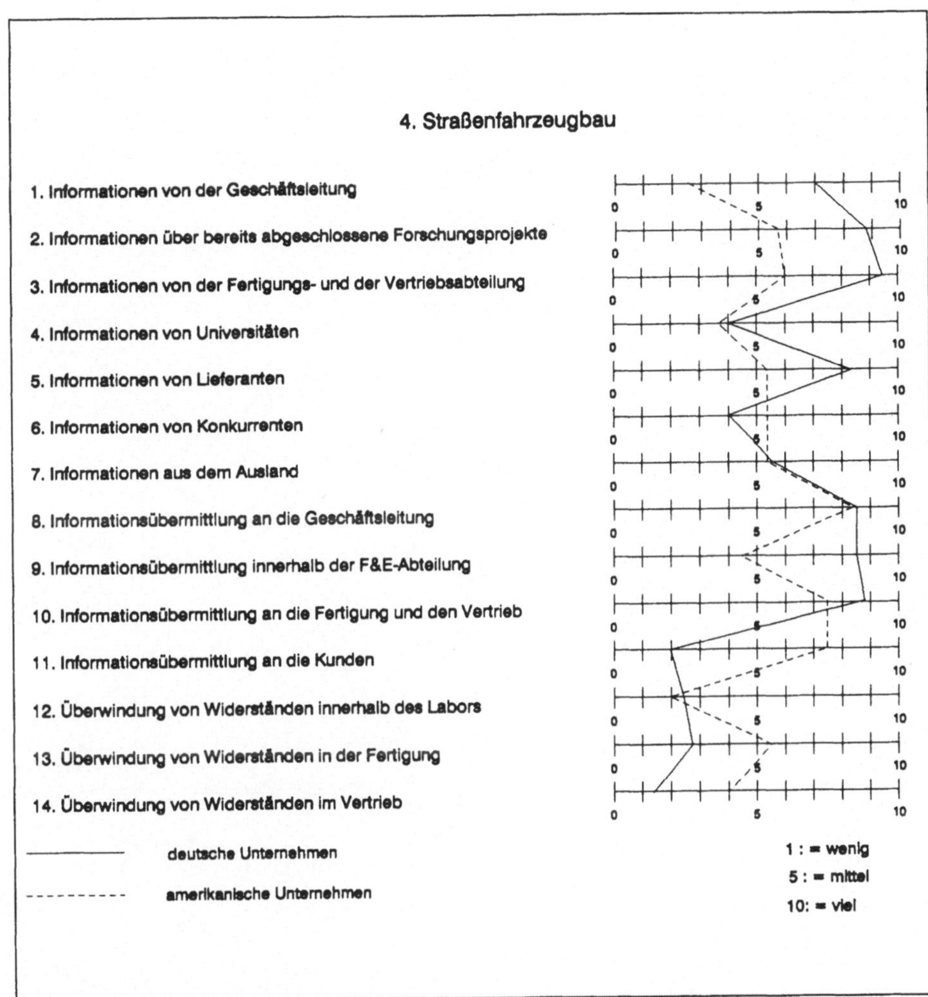

Abbildung 5:   Informationsprofile von Innovationen (Straßenfahrzeugbau)

Friedrich Baur

Informationsmanagement als Basis der Unternehmensentwicklung

A. Problemsicht und Bezugsunternehmen der Darstellung

Meine Ausführungen möchte ich mit der Frage beginnen, warum die Informations- und Kommunikationstechnik und ihre Systeme heute in aller Munde sind. Und ich möchte auch gleich am Beispiel unseres Unternehmens, der ZF – Zahnradfabrik Friedrichshafen AG, die Antwort geben, die da lautet: Weil es mit diesen Systemen möglich erscheint, sehr nennenswerte und vielleicht sogar die auf längere Sicht entscheidenden Produktivitätsfortschritte zu erzielen.

„Produktivität" möchte ich dabei sehr allgemein verstanden wissen. So hat z.B. ein innovativ hochwertiges Produkt wie unser neues, vom Fahrstil des jeweiligen Fahrers lernendes Automatgetriebe Produktivität im Sinne von vergrößertem Anwendernutzen.

Produktivität in diesem umfassenden Sinn ist das Thema, das bei der ZF ganz allgemein im Vordergrund steht, und es geht mir in diesem Beitrag vor allem darum zu schildern, was wir zur Stärkung dieser Produktivität mit Mitteln der Informations- und Kommunikationstechnik unternommen haben, und warum wir gerade hier einen Eckpfeiler der Unternehmensentwicklung sehen. Deshalb zunächst einige Worte zu diesem Unternehmen und seiner Situation.

Unser Unternehmen gehört zu den führenden unabhängigen Zulieferanten der internationalen Fahrzeugindustrie; wir erzielen momentan einen Umsatz von rund 6,6 Mrd. DM im Jahr. Die Zahl der Mitarbeiter beträgt rund 36.000, und die über die Welt verteilten Stützpunkte des Unternehmens überschreiten die Marke 200. Das bedeutet z.B. auch, daß unsere informationstechnischen Systeme diese weltweite Präsenz berücksichtigen müssen, denn es ist notwendig, mittels Rechnern etwa auf die Lagerstruktur von überall her mit den gleichen Standards zugreifen zu können.

Das Produktionsprogramm läßt sich im großen und ganzen mit den Begriffen Getriebe, Lenkungen sowie Komponenten und Systeme für die Fahrwerkstechnik beschreiben. Wir verkaufen unsere Erzeugnisse an fast alle Fahrzeughersteller dieser Erde.

Wenn Sie allein die vielen verschiedenen Fahrzeuge auf unseren Straßen registrieren, die aus aller Herren Länder kommen, dann sehen Sie zunächst einmal wie global der Wettbewerb auf den Fahrzeugmärkten geworden ist.

Darüber hinaus merken wir bei unserer täglichen Arbeit, daß der heute schon sehr harte Wettbewerb immer schärfer wird, und zwar mit sehr ausgeprägten Wünschen unserer weltweiten Kunden hinsichtlich Qualität, Kosten und Lieferterminen.

72

Unsere Haupt- und Stammwerke liegen in Deutschland und insofern sind wir, was unsere Wettbewerbsfähigkeit betrifft, voll in die Fragestellung nach der Wertigkeit des Industriestandortes Deutschland einbezogen, der mit seinen hohen Lohn- und Sozialkosten, der gravierenden Arbeitszeitverkürzung, der Spitzenposition bei der Steuerbelastung, den bürokratischen Hemmnissen, den hohen Energie- und Rohstoffpreisen sowie den Umweltproblemen ganz erhebliche Risiken in sich birgt.

Natürlich ist die hervorragende Ausbildungssituation und die Arbeitsintensität, mit der die deutsche Wirtschaft arbeitet (wenn sie – wenige Stunden pro Tag – arbeitet), sehr positiv zu bewerten. Neben einer Standortkostenfrage bleibt aber in jedem Fall die Tatsache bestehen, daß unsere internationalen Kunden zunehmend Wertschöpfung in ihren eigenen Ländern erzeugen wollen, und daß wir aus diesem Grunde nicht allein aus Deutschland werden liefern können.

Das heißt, die Globalität der Vermarktung, der Entwicklung und Produktion fordert von uns im Rahmen der erweiterten Wettbewerbsbedingungen eine geographische Diversifikation und setzt damit für die Anwendbarkeit der Struktur unserer Informations- und Kommunikationstechnik neue Randbedingungen.

Dies gilt natürlich nicht nur für uns. So stellen sich z.B. die großen japanischen Pkw-Firmen – allen voran Toyota und Nissan – darauf ein, bis 1995 mindestens eine Million Fahrzeuge in Europa, vor allem in England und Spanien, zu produzieren und dabei einen „local content" von 80% innerhalb der EG zu erreichen. Dies bedeutet neue Chancen für uns in der europäischen Zulieferindustrie, allerdings unter der Voraussetzung, daß wir in der Lage sein werden, die japanischen Lieferkonditionen einzuhalten.

Diese herausfordernde Aufgabenstellung ist ein greifbares Beispiel dafür, daß EG '92 – der Gedanke hat bisher sehr beflügelnd und wirtschaftsanregend gewirkt – für uns nichts anderes bedeutet als einen noch schärferen Wettbewerb.

Nicht nur die Europäer, sondern allen voran die Japaner und auch die Amerikaner, letztere mit ihrer revitalisierten Industrie, haben erkannt, welch großer und einheitlicher Markt hier in Europa entsteht.

Dementsprechend stürzen sich „alle Leute" dieser Erde mit Vehemenz auf diese Chance und kämpfen sehr, sehr hart um entsprechende Marktanteile.

B. Produktivitätsfortschritte mit Informations- und Kommunikationstechnik

Unter der allgemeinen Produktivitätsüberschrift gibt es heute drei wesentliche Unter-Überschriften, die dieses Ringen um Erfolg kennzeichnen:

- Economy of Scale
- Economy of Speed
- Economy of Managing Quality

I. Economy of Scale

Heute sind etwa 650 Millionen Menschen Einwohner der Triade-Region. Sie haben recht ähnliche Wünsche und Konsumvorstellungen, die daher aus flexibel agierenden Fabriken – sofern der Handel im globalen Maßstab einigermaßen frei bleibt – wirkungsvoll bedient werden können. Und dies, obwohl bei einer nur leicht wachsenden Gesamtfahrzeugmenge die Zahl der gleichartigen Fahrzeuge auch unter einer Marke laufend sinkt.

Die neuesten Vorstellungen der japanischen Autohersteller gehen soweit, daß man mit 20.000 Fahrzeugen eines Typs pro Jahr schon in die „Break-even"-Situation kommen möchte. Was dies für die schnell umrüstbaren, roboterisierten und mechanisierten Fertigungseinrichtungen bedeutet, ist eine Sache, die zugehörige Logistik unter Anwendung modernster Informations- und Kommunikationssysteme eine andere. Die Anwendung von „Fail safe"- und „Fail soft"-Architekturen entscheidet dabei sicher über wesentliche Erträge oder Verluste solcher flexibler Fertigungen.

Man kann sich, so glaube ich, unschwer vorstellen, welche entscheidende Rolle Informations- und Kommunikationstechnik in einem Fahrzeugbestellungs- und anschließenden „Just-In-Time (JIT)"-Herstellungsprozeß spielt, wenn mehrere global verteilt gelegene Fabriken zusammenarbeiten, um die immer individualistischeren internationalen Kundenwünsche zu befriedigen.

Ich darf in diesem Zusammenhang an die vom Grundgedanken her richtige GM-Informations-Infrastruktur für das Saturn-Fahrzeug erinnern, bei der es ermöglicht wird, dem Kunden schon unmittelbar nach der Bestellung Auskunft darüber zu geben, wann sein Auto mit den individuellen Ausstattungsmerkmalen produziert und ausgeliefert wird. (Anmerkung dazu: Natürlich ist dabei die Frage offen, inwieweit ein Auto-Konzern die Informationsindustrie, die ein solches Projekt realisieren kann, auch selbst besitzen muß).

Um die „Economy of scale" weiter zu verbessern, ist es zur Zeit so, daß jeder Fahrzeughersteller mit jedem spricht, z. B. Daimler-Benz mit Fiat und Mitsubishi, DB/MAN mit Enasa, VOLVO/GM mit RVI und Enasa, Fiat mit Ford/Leyland, Lamborghini und Maserati, VW mit allen usw., und nicht zuletzt müssen hier die ganz allgemeinen und von vielen unternommenen Bemühungen um die sich öffnenden Märkte des Ostens genannt werden.

II. Economy of Speed

Unter diesem Titel geht es in der Fahrzeugindustrie darum, als Konkurrenzwaffe die Tatsache einzubeziehen, daß der Kunde nach bisher etwa 5 Jahren nun immer häufiger etwa alle drei Jahre neue Modelle erwartet.

Die dazu notwendigen, sehr dynamisch ablaufenden Entwicklungsprozesse sind ohne CAD/CAM überhaupt nicht mehr realisierbar. Der Trend in diesem Bereich – und wir unternehmen erste Versuche in dieser Richtung – geht zum Konstruieren und Diskutieren „über Strecke", d.h., ein Konstrukteur sitzt z.B. in Friedrichshafen, ein anderer in München, wobei diese Idee soweit reicht, daß die dazu benötigte kommunikationstechnische Infrastruktur im Rahmen eines Standarddienstes, z.B. der Bundespost, darstellbar werden sollte.

Der Vertrieb benutzt Computerunterstützung, um kurze Reaktionszeiten für den Kunden zu erzielen, z. B. bei der Auftragsplanung und neuerdings ganz besonders beim Kundenmonitoring (was plant der Kunde und beachten wir ihn entsprechend seinem Potential?). Die Serviceintensität nimmt zu mit dem Einsatz von oft über Fernstrecken wirkenden Systemen der Ferndiagnose und künstlichen Intelligenz.

In der Verwaltung werden die Effekte der schnellen Behandlungsmöglichkeit von großen Datenmengen wohltuend empfunden und ohne moderne Warenwirtschaftssysteme sind schnelle Bestellvorgänge, zeitsichere Transporte und die entsprechenden Finanztransaktionen nicht mehr vorstellbar.

III. Economy of Managing Quality

Hier geht es darum, mehr und präzisere Informationen für einen Entscheidungsprozeß zur Verfügung zu stellen, sowie um das Arbeiten mit Alternativ-Szenarien.

Dazu gehört z.B., daß ein Konzern, wie wir es sind, mit Hilfe eines geeigneten Informationssystems alle ihm zugänglichen Daten über existierende und zukünftige Fahrzeuge und Kunden speichert und sie als Grundlage für sein strategisches Vorgehen auswertet. Wir gewinnen auf der Basis eines solchen Entscheidungs-Unterstützungs-Systems aus einer Vielzahl von Einzelbeobachtungen schließlich eine Vorstellung darüber, wie ein neues Getriebe, eine neue Lenkung aussehen muß, um möglichst viele Kundenwünsche zu befriedigen.

Die hier anstehenden Aufgaben basieren auf der Vorstellung, daß es auf Sicht gelingt, eine Vernetzung aller Informations- und Kommunikationssysteme so durchzuführen, daß sie auch Kunden- und Lieferanteninformationen einbeziehen.

C. Stellenwert der Information

Dazu zunächst einige Vorbemerkungen. Gab es früher hin und wieder Fälle, in denen es lediglich „schick" oder auch „einfach ungeschickt" war, Datenverarbeitung oder Kommunikationstechnik einzusetzen, so wird heute meistens sehr schnell und sehr intensiv danach gefragt, welche Rentabilität diese Systeme bringen. Dies um so mehr, als der effektive Einsatz dieser Systeme für ein erfolgreiches Geschäft so wesentlich geworden ist, daß man im Wettbewerb ganz entscheidend besser bestehen kann, wenn man sie richtig anwendet und benutzt.

Dies gilt nun nicht nur in Deutschland, sondern überall auf der Welt. Leider ist es in der Bundesrepublik nicht so, daß wir in den Sektoren Informations- und Kommunikationstechnik überall an der Spitze stehen. Ein Beispiel hierfür ist der Markt für Telefax-Geräte, der inzwischen sehr stark von den Japanern beherrscht wird. Wir tun also gut daran, uns bei der Realisierung unserer Vorstellungen international sowohl im Bereich der Hardware als auch der Software umzusehen.

Ganz besonders wichtig ist es, daß nach der Einschätzung von Fachleuten etwa 50% der Gesamtkosten einer Unternehmung im Informationsbereich liegen. Damit wird es entsprechend dringend, sich nicht nur mit den Möglichkeiten der Informations- und Kommunikationstechnik, sondern auch mit der Anwendung solcher Systeme intensivst auseinanderzusetzen. Ich bin überzeugt, daß sich diese 50% in Zukunft eher in höhere Zahlen hineinentwickeln. Diese 50%-Marke gilt auch nur für die produzierende Industrie, sie gilt nicht für den Dienstleistungsbereich, wo von vornherein der Informationsbereich noch größere Bedeutung hat.

Was bedeuten diese Dinge nun etwas genauer für ein Industrieunternehmen? Ich möchte dies im folgenden am Beispiel der ZF verdeutlichen. Der Einzug der

Elektronik hat inzwischen nicht nur in unserer Informations- und Kommunikationstechnik vieles bewegt, sondern auch unsere Produkte intelligenter gemacht. So z.B. bei unseren schon erwähnten lernenden Automatgetrieben, bei unseren geschwindigkeitsabhängigen Servolenkungen und bei den sensorgesteuerten Federungs- und Dämpfungssystemen. Sehr wahrscheinlich ist jedoch gerade heute die Bedeutung der Elektronik in der „Prozeßtechnik" in den verschiedenen Aktivitäten unseres Unternehmens noch einschneidender.

Daher verlieren die klassischen Arbeitsmittel Reißbrett, Karteikarten oder Schreibmaschine und überhaupt die gewaltige Maschinerie der betrieblichen Papierverarbeitung zunehmend an Stellenwert.

Für uns bedeutet all das Gesagte, daß wir – um konkurrenzfähig zu bleiben – jede Möglichkeit in der Ausschöpfung von Produktivitätsreserven ergreifen werden. Dabei ergeben sich heute ganz wesentliche Möglichkeiten auf der Basis der Anwendung von Informations- und Kommunikationstechniken.

D. Zur Nutzung der Informations- und Kommunikationstechnik

I. Technologie-Kenntnis als Voraussetzung der Nutzung

In diesem Kapitel möchte ich nun nicht zu sehr darüber reden, wie sich die Mikrosystemtechnik entwickelt, auf der die ganze Daten- und Informationstechnik aufbaut und die es ermöglicht, laufend kleinere, schnellere und leistungsfähigere Rechner zu bauen – ich erinnere beispielhaft an das Mega-Projekt für Großspeicher.

Ich möchte auch nicht darüber reden, daß es eine Menge neuer Endgeräte, auch mobile, geben wird, Teile davon mit „Soft key and touch screen"-Steuerung und demnächst vielleicht sogar mit „Speech"-Ein- und Ausgabe und auch nicht darüber, wie sich beispielsweise „Desk-top-publishing" weiterentwickelt. Auch die Anwendung von Systemen der künstlichen Intelligenz liegt mir nicht so sehr am Herzen. Das sind Dinge, mit denen Informatiker wohl täglich umgehen, wie z.B. auch mit den im Rahmen der Vernetzungsaufgaben wichtigen Protokollschnittstellen, angefangen von der physikalischen Verbindung und hochreichend bis in die entsprechenden Software-Schnittstellen.

Ich möchte auch nicht reden von den „Wide-Area Networks (WAN)", die z.B. in einer speziellen Form zur Lösung von Managementaufgaben bei der IBM benützt werden und bei denen ein Teilnehmer über eine globale Netzarchitektur an 160 Rechner angeschlossen wird. Alle diese Dinge sind im Werden und entwickeln sich mit einer gewissen inneren Logik und Kontinuität.

Nicht zu vergessen ist, daß die Hochsprachen im Software-Bereich ganz entscheidend dazu beitragen, daß die Anwendung von Computern leichter wird, und dann die Weiterentwicklung der offenen Systemarchitekturen mit aller Intensität weiter betrieben werden muß. Erwähnenswert in diesem Zusammenhang ist auch die Tatsache der Einführung des „Integrated Services Digital Network (ISDN)"-Systems zunächst auf deutscher und europäischer, aber ganz deutlich auch sichtbar schon auf weltweiter Basis, die den Transfer von Informationen so flexibel gestaltet, daß alles Wissenswerte „an jeder Stelle dieser Erde" verfügbar sein wird.

Jedes einzelne der angesprochenen Themenfelder ist eine Wissenschaft für sich und entwickelt sich unter global wettbewerblichen Konditionen weiter. All das bedeutet, daß man den richtigen Einsatz der Informations- und Kommunikationstechnik auf einer großen Basis von Wissen und Kenntnissen über die verschiedenartigsten Techniken und Vorgehensweisen aufbauen muß. Die Tatsache des umfassenden Wissens, das hier gebraucht wird, legt es nahe, einen Fachmann in jedem Unternehmen zu haben, der diese ganzen Probleme beherrscht. Man spricht vom Informationsmanager und wir werden demnächst noch einmal auf diesen Begriff in anderem Zusammenhang zurückkommen.

II. Vorbereitung der Nutzungsstrategie im Lenkungsausschuß

Wie kommen wir in einem Unternehmen zu einem optimalen Umgang mit den Möglichkeiten einer modernen Informations- und Kommunikationstechnik? Zunächst einmal ist festzustellen, daß bei dem Verbesserungspotential, das in ihr steckt, der Umgang mit der Informations- und Kommunikationstechnik ein strategisch sehr wichtiges Element darstellt und vielleicht heute sogar eines der wichtigsten. Diese Informations- und Kommunikationsstrategie ist keine in sich selbständige Vorgehensweise, sie ist Hilfsmittel im besten Sinne und sie hat sich einzufügen in die Menge der anderen Strategien, die ein Unternehmen verfolgt; (vgl. Abbildung 1).

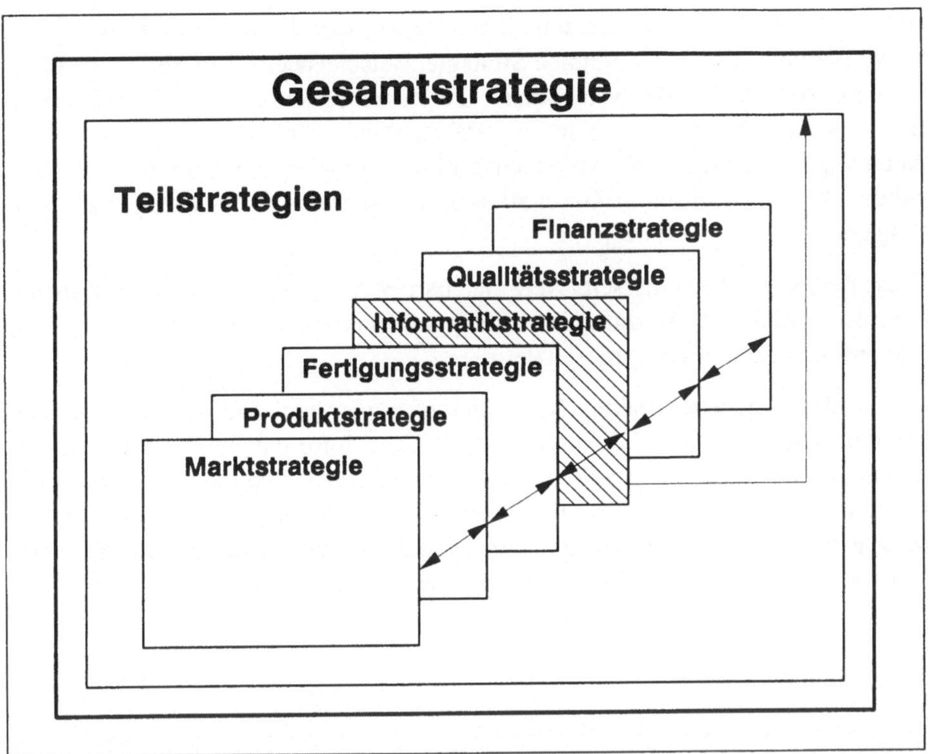

Abbildung 1:   Informationsstrategie als Teil der Gesamtstrategie von ZF

Nun entsteht die Frage: Wie kommt eine solche Informations- und Kommunikationsstrategie zustande und wie wird sie umgesetzt? Um eine richtige Teilstra-
tegie bestimmen zu können, muß man zunächst einmal wissen, welche Ziele das
Unternehmen insgesamt verfolgt. Üblicherweise werden die Unternehmen heute
sehr stark in strategische Geschäftseinheiten aufgeteilt. Dies ist auch bei der ZF der
Fall, die in ihren Geschäften vier grundsätzliche Orientierungen verfolgt, nämlich:

— schwere Getriebe
— Pkw-Getriebe
— Getriebe für Land- und Baumaschinen
— und zuletzt die Aufgabenstellung Komponenten und Systeme der Lenkungs-
  und Fahrwerkstechnik.

Diese Geschäfte haben gegeneinander genügend Unterschied, um jedem dieser
Bereiche, die jeweils etwa eine Milliarde DM Umsatz machen, weltweite „Profit

79

and loss"-Verantwortung zuzuschreiben. Dementsprechend verfolgt auch jeder dieser Bereiche eine eigenständige Strategie. Beispielsweise beliefert unser Pkw-Lenkungsbereich in Malaysia japanische Fahrzeughersteller, während unsere Bus-Achsen z.B. an Neoplan in Deutschland vermarktet werden. Pkw-Automatgetriebe an BMW oder Baumaschinen-Getriebe nach USA zu verkaufen, gehört ebenso zu unserem Geschäft wie der Vertrieb von Schiffsgetrieben in Singapur.

Diese Bereiche haben einerseits viele gleichartige Aufgabenstellungen im Rahmen der Informations- und Kommunikationstechnik, andererseits auch wieder regional und produktbezogen sehr differenzierte.

Um all den gegebenen Fakten Rechnung zu tragen und eine im Sinne des Gesamtkonzerns optimale Fortentwicklung unserer Informations- und Kommunikationsarchitektur sicherzustellen, haben wir einen Lenkungsausschuß Informationstechnik, den sogenannten LAI, gegründet, bei dem jeweils ein Geschäftsleitungsmitglied der jeweiligen Bereiche aufgefordert wird, die Ideen seines Bereiches zu vertreten bzw. einzubringen; (vgl. Abbildung 2).

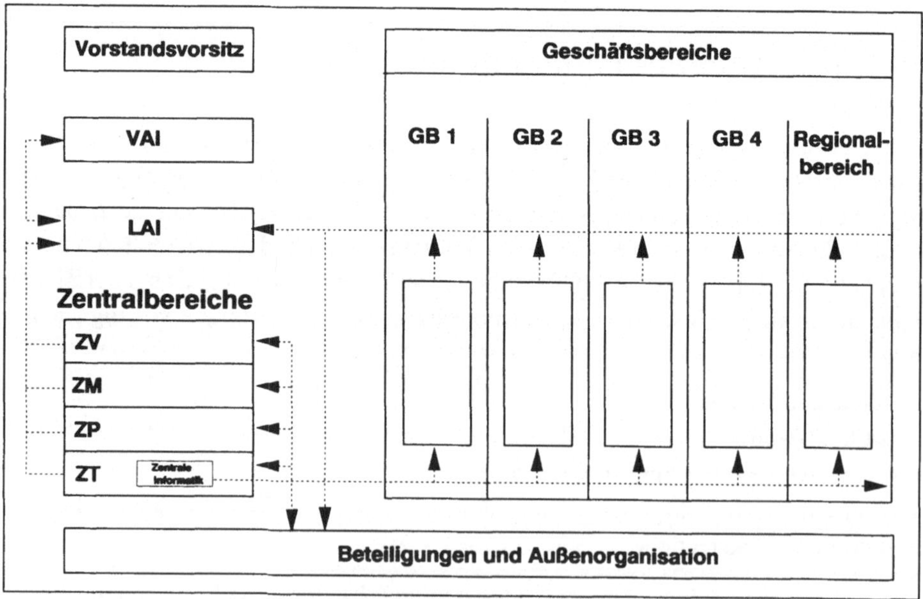

Abbildung 2:   Informatik – Organisationseinheiten bei ZF

III. Weichenstellung im Vorstandsausschuß

Die ZF hat ferner die Zentralbereiche Markt, Personal, Verwaltung und Technik. Auch diese sind entsprechend gewichtig im LAI vertreten. Darüber hinaus haben wir in der Zentralen Technik eine zentrale Informatikstelle angesiedelt, die nichts anderes tut als Normen und Standards für den Konzern festzulegen, und die ferner dafür sorgt, daß die Aufgabenstellungen, die aus den einzelnen Bereichen kommen, koordiniert und vom LAI priorisiert werden. Nach entsprechenden Durchführungsbeschlüssen, die vom VAI, dem Vorstandsausschuß für Informations- und Kommunikationstechnik, gefaßt werden, geht es darum, die Aufgaben abzuarbeiten. Sinn und Zweck des ganzen Vorganges ist nichts anderes als zu erreichen, daß die Mittel der Informations- und Kommunikationstechnik im Gesamtunternehmen möglichst effektiv eingesetzt werden.

Der VAI genehmigt nicht nur Aufgabenstellung und Priorität der aus den Bereichen kommenden informations- und kommunikationstechnischen Aufgaben, er beschließt vor allem, welche informationstechnischen Aufgaben im Vertrieb anstehen, was die Fertigung und die Entwicklung will, was den Instandhaltungsdienst betrifft, und was die Förderung all dieser Dinge für uns wirtschaftlich bedeutet. Auch der Kundendienst hat sich noch zu Wort gemeldet und auf diese Weise haben wir herausgefunden, daß all das, was mit CIM und Logistik zu tun hat, einen ganz herausragenden Stellenwert für unser Unternehmen besitzt im Hinblick auf die beiden zentralen Kriterien „Differenzierung gegenüber dem Wettbewerb" und „Kostensenkung"; (vgl. Abbildung 3).

Diese Erkenntnis ist nun nicht ohne weiteres auf jedes andere Unternehmen übertragbar. Sie müssen wohl oder übel – wenn Sie es nicht schon getan haben – selbst feststellen, wo bei Ihnen der Schwerpunkt für Ihre Informations- und Kommunikationsbemühungen liegen soll.

Aus der skizzierten Untersuchung gibt es also Prioritäten, denen wir zu folgen versuchen, soweit überhaupt nur möglich, denn es ist klar, daß die Pflege des Bisherigen und dessen Weiterentwicklung unter gar keinen Umständen abgebrochen werden kann, da unser Unternehmen ja schon heute sehr stark auf Informations- und Kommunikationstechnik basiert.

Dieses Wirkungsübersichtsbild, das die Frage zu beantworten versucht, wo eine DM, in Informations- und Kommunikationstechnik investiert, den größten Nutzen erbringt, und das ich Ihnen für das ZF-Gesamtunternehmen vorgeführt habe, hat eine Untergliederung, indem jeder einzelne Geschäftsbereich eine ähnliche Bewertung für sich selbst gemacht hat, d.h. er hat festgestellt, was für ihn heraus-

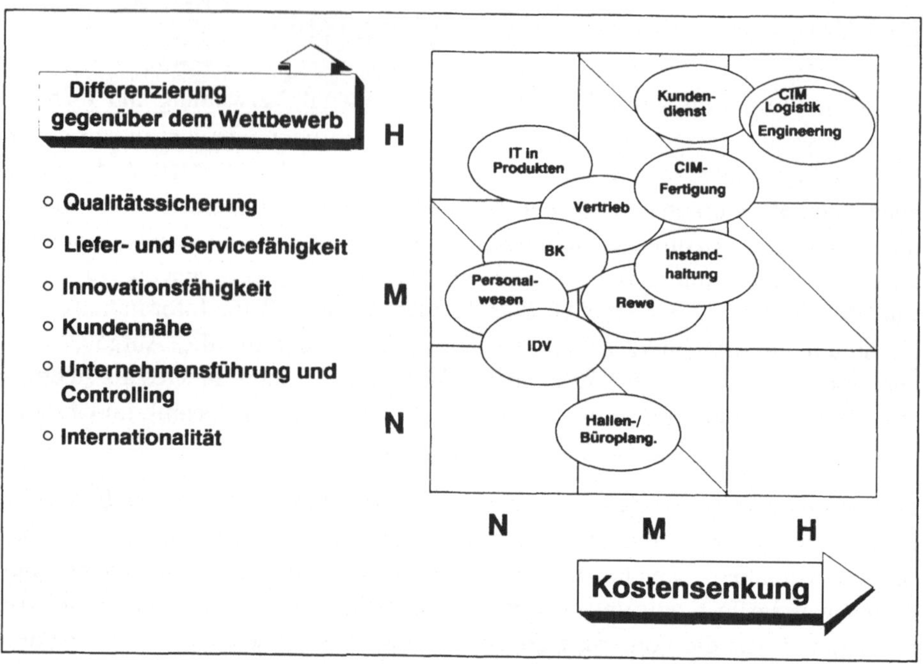

Abbildung 3:   Nutzenportfolio

ragend wichtig ist. Hier zeigten sich Unterschiede je nach historischer Entwicklung des Bereiches, je nach Modernität, in denen er z.B. PPS betrieben hat, und hier zeigen sich auch Unterschiede im Software-Umfang, der im einzelnen Bereich betrieben wurde.

Wir glauben, daß wir mit der damit möglichen präzisen Vorgabe von Prioritäten und Leistungsumfängen unser Unternehmen im Bereich der Informations- und Kommunikationstechnik heute wesentlich besser in die Hand bekommen haben und damit für das Fortbestehen der ZF Entscheidendes bewirken konnten.

Die ZF hat auf der Basis der geleisteten Arbeiten ferner festgestellt, daß es sehr wünschenswert wäre, wenn die Computerfirmen komplette „Leistungspakete" anbieten würden, die von der Hardware aufsteigend über Betriebs-Software bis im Service endend reichen und die einen bestimmten Fachbereich, wie z.B. PPS oder CAD, abdecken und die ferner so gestaltet sind, daß sie mit anderen Leistungspaketen für andere Anwendungsbereiche nahtlos zusammenschließbar werden.

Damit würde das baukastenartige Zusammenstellen von Lösungen wesentlich leichter werden. Im Grenzfall ist es so, daß der einzelne Informationsarchitekt dann gar nicht mehr wissen müßte, was in einer Einzelfunktion bewerkstelligt wird,

82

sondern daß er mehr in Leistungspaketen denkend schneller zu guten Lösungen kommen kann.

Der VAI hat schließlich noch bemerkt, daß im Bereich des Lernens mit dem Computer neue Fortschritte und Ansätze zu machen sind, wobei klar ist, daß man als Basis dazu den Computer selber verstehen muß. Mit dieser Anmerkung bewegen wir uns in Richtung unserer Mitarbeiter, die diese Systeme betreiben. Es ist entscheidend wichtig, daß sie aufgeschlossen diesen neuen Techniken gegenüberstehen, daß sie keine Angst vor den neuen Methoden haben und daß sie bereit sind, sich in diese Neuheiten hineinzuarbeiten.

IV. Die Aufgaben des Informationsmanagers

Veränderungen also auf dem Gebiet der Informations- und Kommunikationstechnik aller Orten, betrieben von einem – und nun kommt der anfänglich benutzte Begriff wieder – Informationsmanager, der nicht nur wie eingangs gezeigt, genügend Basiskenntnisse zur Informations- und Kommunikationstechnik haben muß, sondern vor allem auch über die hier relevanten Investitionen. Er stößt weitere Entwicklungen an und er überwacht damit den optimalen Einsatz aller informations- und kommunikationstechnischen Vorhaben und Mittel.

Im Rahmen unserer Informatikstruktur stellen wir uns ferner vor, daß der Chef der Zentralen Informatik der Geschäftsführer des LAI ist. Wir sind nun seit einiger Zeit daran, mit dieser Organisationsarchitektur unsere anstehenden Aufgabenstellungen abzuarbeiten und natürlich geht es zunächst einmal darum, welche Aufgaben, die es in großer Zahl gibt, überhaupt angegangen werden sollen.

Die ZF hat auf dem hier relevanten Sektor mehr als 500 Mitarbeiter und ein Jahresbudget mit deutlich über 100 Millionen DM, für das hier nicht nur Hardware, sondern auch Software – beides auch unter Leasing-Konditionen entsprechend zu behandeln sind. Zur Feststellung der Wichtigkeiten der Aufgabenstellung der einzelnen Bereiche hat es sich als notwendig erwiesen, zunächst einmal alle möglichen Aufgabenstellungen zu analysieren und entsprechend zu bewerten. Wir hatten uns erst ein Gefühl zu verschaffen, was eine EDV-Planung z.B. in unserem Bauwesen oder in unserem Personalwesen bedeutet, welche auch mit den Betroffenen die entsprechende Strategie erarbeiten und sie nach erreichter Zustimmung und Genehmigung auch umsetzen soll.

Da diese Aufgabenstellung eine für das Unternehmen – wie schon erwähnt – sehr entscheidende ist und sie sehr umfassend in die gesamte Konkurrenzfähigkeit der

Firma eingreift, andererseits Ablaufstrukturen in allen Bereichen berührt, erscheint es denkbar, daß dieser Informationsmanager im Sinne einer Neudefinition der Geschäftsleitungsfunktionen in der Geschäftsleitung selbst vertreten ist. Eine solche Geschäftsleitung könnte dann beispielsweise wie folgt aussehen:

- ein Vorsitzender, der sich gleichzeitig sehr stark um die Marktbelange kümmert,
- ein Techniker, der, um einen optimalen Nutzen aus den existierenden Fabrikinvestitionen zu machen, gleichzeitig Entwicklung und Fabrik leitet,
- ein Verwaltungsmann, der Finanzen, Controlling und Personal unter sich hat,
- und der eben geschilderte Informationsmanager.

Mit dieser Besetzung würde man von der fachlichen Führung klassischer Art weggehen und zu einer modernen mehr ablauforientierten Struktur kommen, die natürlich – wie könnte es anders sein – sehr stark auf einem hervorragenden Informationsmanagement basiert.

E. Schlußbemerkungen

Ich möchte mit zwei Bemerkungen schließen:

Erstens: Ich habe versucht, Ihnen einige Aspekte eines industriellen Informations- und Kommunikationssystems darzustellen, mit dem die ZF hofft, auch im härter werdenden zukünftigen Wettbewerb zu bestehen.

Zweitens: Wir sind sicherlich alle gut beraten, wenn wir die jetzt noch anhaltende wirtschaftlich gute Zeit nutzen und uns gerade auf dem Sektor der Informations- und Kommunikationstechnik für die kommenden Herausforderungen rüsten.

Dieter S. Koreimann

Auswirkungen der Informations- und Kommunikationstechnik

A. Einleitung

B. Was hat sich geändert, was wird sich ändern?

C. Thesen zum Organisations- und Führungsverhalten

D. Auswirkungen auf die Führung und Organisation
    I.   Organisatorische Veränderungen
    II.   Veränderung in der Führungsorganisation
    III. Konsequenzen für Führung und Organisation

E. Zusammenfassung

A. Einleitung

Die nachfolgenden Ausführungen basieren auf der grundsätzlichen Überlegung, daß Führung – gemeint ist damit das jeweils praktizierte Führungsverhalten eines Unternehmens – und Organisation – gemeint ist damit sowohl die Struktur- als auch die Ablauforganisation – sich gegenseitig bedingen und untrennbar miteinander verbunden sind. Jeder Führungsstil benötigt seine spezifische Organisation, im Ablauf ebenso wie im strukturellen Aufbau.

Wenn also über Informations- und Kommunikationstechniken und ihre Auswirkungen gesprochen wird, dann sind beide Aspekte zu betrachten.

B. Was hat sich geändert, was wird sich ändern?

Wenn wir den viel zitierten „Wandel" als Ausgangspunkt unserer Überlegungen heranziehen, dann ist zunächst eine Differenzierung erforderlich. Wandel und Veränderungen zeigen sich zunächst im gesellschaftlichen Bereich – Wertewandel, Veränderungen der politischen Umwelt, Wandel im Selbstverständnis zur Arbeitswelt – all dies sind Veränderungen, die nicht ohne Rückwirkungen bleiben auf:

– Arbeitsverhalten und Einstellung zur Arbeit
– Lernverhalten und Lernbereitschaft
– Technikakzeptanz und Techniknutzung und
– Führung und Organisation.

Betrachten wir die Organisationen unserer Unternehmen, dann zeigen sich innerhalb der verschiedenen Abteilungen, Bereiche und Funktionen verschiedene Veränderungen, die im folgenden kurz skizziert sein mögen:

1. Arbeitsumgebung, d. h. die Büroausstattung mit technischen Geräten. Daß hier oftmals wider die Grundsätze der Umgebungs- und Geräteergonomie gesündigt wird, sei nur als Randbemerkung erwähnt.

2. Arbeitsvoraussetzungen: Hierbei sind die veränderten Arbeitsanweisungen und Arbeitsbedingungen zu nennen, wie z. B.: interne Schulungs- und Umschulungsmaßnahmen, veränderte Lerninhalte im technischen Bereich, Schulung und Training in einer spezifischen Logistik und Logik.

3. Termin- und Zeitverhalten: Bei qualifizierten Arbeiten ist eine relative Autonomie in der Bestimmung von Volumen je Zeiteinheit, Takt und Termin fest-

stellbar, während bei monotonen Routinearbeiten eher mit einer Zunahme eines unter Umständen streßverursachenden Termindrucks zu rechnen ist.

4. Arbeitsinhalt: Hierbei kann – insbesondere bei hochautomatisierten Prozessen mit vernetzten Datenbanken – eine drastische Zunahme an Komplexität festgestellt werden: Es vollzieht sich der Übergang von der Einzelsachbearbeitung zu Systemprozessen, zum Prozeßmanagement logistischer Einheiten und zu Systemzusammenhängen, die das gesamte Unternehmen betreffen können.

5. Arbeitsmethodik: Die zunehmende Komplexität bleibt nicht ohne Rückwirkung auf die Arbeitsmethodik: von der Einzelbearbeitung (etwa nach dem Motto „eins nach dem anderen") erfolgt eine Intensivierung der simultanen Arbeitserledigung mehrerer Aufgaben.

6. Arbeitsplatz: Als Folge der sich verändernden Arbeitsinhalte und Arbeitsmethodiken ist ein erhöhter Kommunikationsaufwand und Kommunikationsbedarf erkennbar, der intensive Gruppenkontakte und damit den Übergang vom Einzelarbeitsplatz zum Gruppenarbeitsplatz bedingt. Ein Beispiel hierfür ist der Arbeitsplatz des Konstrukteurs, der unter dem Einfluß von CAD/CAM-Technologien vom Einzelarbeitsplatz seines Reißbretts mehr und mehr in den Gruppenarbeitsplatz gedrängt wird.

7. Organisation: Der erhöhte Kommunikationsaufwand als Folge der veränderten Arbeitsmethodik und Arbeitsinhalte bleibt nicht ohne Rückwirkung auch auf die Organisation. Obwohl sich viele Unternehmen trotz dieser Veränderungen nicht zu grundsätzlichen Organisationsanpassungen entscheiden können, entsteht ein System der informellen Organisation und Kommunikation, das heißt, die hierarchische Gliederung mit ihren strukturierten Weisungs- und Berichtswegen wird durch die zahlreichen Querschnittskontakte und Querschnittsorganisationen informeller Art durchbrochen.

Die genannten Änderungsfaktoren – Arbeitsumgebung, Arbeitsvoraussetzungen, Termin- und Zeitverhalten, Arbeitsinhalt, Arbeitsmethode, Arbeitsplatz und Organisation – haben sich in der Vergangenheit mit unterschiedlicher Ausprägung einzelner Funktionen in vielen Unternehmen quasi als eine „schleichende Evolution" emanzipiert. Dem Management ist oftmals gar nicht bewußt und transparent, welche Bewegung in der Humanorganisation durch die Technik-Evolution entstanden ist.

Projizieren wir den in Gang gesetzten Prozeß dieser Veränderungsfaktoren in die Zukunft, dann sind weitere, sich verstärkende Veränderungen zu erwarten, und zwar in folgenden Bereichen:

1. Intensivierung der internen und externen Kommunikation: Unter dem Einfluß der Vernetzung von Rechnern und Datenbanken, insbesondere jedoch unter dem der Bürokommunikation, muß mit einer drastischen Zunahme des Kommunikationsaufwands, der Kommunikationsdauer, der Außenkontakte und des Kommunikationsvolumens gerechnet werden. Dieser Trend erhält seine Verstärkung dann, wenn externe Organisationen (z. B. Lieferanten, Banken, Verbände, Geschäftspartner) in den automatisierten Prozeß der Kommunikation mit einbezogen werden. Es entsteht hier – wie in vielen Bereichen analog zu beobachten ist – das Phänomen der „Weckung des versteckten Bedarfs": Weil das Kommunizieren leichter und einfacher wird, wird auch mehr kommuniziert mit der Folge, daß das Kommunikationsvolumen und vor allem die Anzahl der Kommunikationspartner sprunghaft wächst.

2. Die Medienvielfalt: Für Kommunikation und Information werden zusätzliche Medien und medientypische Dienste benutzt: Personal Computer, Telefax, Funktionstelefon, BTX, kurz: die ganze Palette der Kommunikationsdienste wird nach und nach in die Büros der Organisationen einziehen mit allen Folgen für die Komplexität, die Sicherheit, die Wartbarkeit und letzten Endes auch für die Kosten.

3. Der Arbeitsplatz: Die zunehmende Integration von Arbeitsschritten und Teilaufgaben, die durch Datenbanken und Kommunikationssysteme möglich wird, wird auch zu differenzierten Arbeitsplatz-Organisationen führen: Telearbeitsplatz, Mischarbeitsplatz und kombinierte Arbeitsplätze verändern die zukünftige Büro-Organisation.

Betrachten wir die hier exemplarisch genannten Veränderungen, dann stellt sich die grundsätzliche Frage: Wie reagierte bzw. wie reagiert die Führungsorganisation eines Unternehmens auf diesen Wandel?

Mit welchen Methoden, Führungsstilen, Organisations- und Motivationsmustern will das Management diesem Wandel gerecht werden – und: In welcher Art und Weise ist das Management selbst betroffen von diesem Wandel?

Ist unser Verständnis über Hierarchie, Karriere, Motivation und Organisation diesen Veränderungen überhaupt noch angemessen?

C. Thesen zum Organisations- und Führungsverhalten

Die folgenden Thesen mögen – zugegebenermaßen etwas pointierend – die Situation beschreiben, in der sich Führung und Organisation in der Vergangenheit befanden bzw. vielerorts noch befinden:

1. These: Die Organisation ist geprägt durch eine Dominanz der technischen Organisationsgestaltung: Vorrang in der Gestaltung der Ablauforganisation hat das technische Potential, die technische Machbarkeit, die technische Infrastruktur. Es entstanden die typischen EDV-Abläufe, die oftmals eine bestehende Ablauforganisation zementierten. Notwendige Flexibilitäten in der Ablauforganisation bedingen Sonderlösungen. Die Anwendungsintegration führte zu relativ starren Abläufen und vieles „ging eben nicht, weil es von der EDV so definiert war". Dabei entstand das Phänomen des „Abfüllens alten Weins in neue Schläuche": neue Hard- und Software wurde nicht etwa dazu benutzt, um das logistische Konzept der Organisation neu zu gestalten, sondern um die bestehenden Abläufe lediglich schneller und unter Umständen auch billiger bewältigen zu können bzw. höheren Anforderungen an Volumen und Zeit gerecht zu werden.

2. These: Von seiten der Führungsorganisation bestand eine relative Ignoranz gegenüber der zunehmenden Komplexität. Im operativen Bereich führte dies dazu, daß das sogenannte „Robinson-Syndrom" zum Tragen kam: einzelne Sachbearbeiter, aber auch Gruppen und ganze Abteilungen oder Funktionen versuchen sich abzuschotten von der Gesamtorganisation, entwickeln eigenständige Organisationsmuster (seitliche Arabeske) und tendieren zu Insellösungen. Insbesondere unter dem Einfluß der individuellen Datenverarbeitung kann beobachtet werden, wie sich einzelne Abteilungen zu selbständigen Inseln entwickeln, weil ein Gesamtkonzept der Ablauforganisation fehlt.

3. These: Führungssysteme hegen eine relative Ignoranz gegenüber den sich intensivierenden Querschnittsorganisationen als Folge des gesteigerten Kommunikationsvolumens. Berichts- und Weisungswege sind nach wie vor hierarchisch gegliedert, obwohl informelle und formelle Querkontakte entstehen. Matrix-, Produkt- und Task Force-Management sind lediglich Hilfskonstruktionen, die am prinzipiellen Muster der Hierarchie nichts ändern.

4. These: Eine analoge Ignoranz ist auch in bezug auf die zunehmende Pro-
             blematik des Mensch-Maschine-Systems zu erkennen. Die Ausbil-
             dungspläne für Mitarbeiter sind vorwiegend technisch orientiert, und
             vielfach kann man sich des Eindrucks nicht erwehren, daß Unter-
             nehmen danach streben, eine möglichst große Zahl von „Knopf-
             druck-Informatikern" statt kreativer Problemlöser zu beschäftigen.
             Eingebettet in ein bürokratisches Regelwerk aus Bedienungsvor-
             schriften, Datenschutzbestimmungen, Zugriffsberechtigungen, Be-
             nutzungsberechtigungen und formaler Anweisungen wird von eben
             solchermaßen normierten Benutzern verlangt, innovativ tätig zu wer-
             den, obwohl man ihnen kaum jemals die Chance einräumte, Kreativi-
             tät und Innovation zu erlernen und zu erfahren.

5. These: Die Auswahlprinzipien von Führungskräften – insbesondere auf den
             unteren Stufen der Hierarchie – werden primär von fachlicher Kom-
             petenz bestimmt. Der Humanaspekt – insbesondere die Fähigkeit zur
             intrasozialen Kooperation und Konfliktsensibilisierung – ist unterre-
             präsentiert. In einer komplexer werdenden Arbeitswelt mit zuneh-
             mender sozialer Interaktion sind aber gerade diese Komponenten von
             Bedeutung. Der beste Fachmann muß eben nicht der jeweils beste
             Vorgesetzte sein.

6. These: Synergie-Effekte durch Gruppenmanagement und autonome Gruppen
             werden zu wenig genutzt. Zum einen besteht eine Methodenun-
             sicherheit bezüglich der Strukturierung derartiger Prozesse, zum an-
             deren passen derartige Organisationen wie etwa autonome oder über-
             lappende Gruppen nicht in das Schema der etablierten, hierarchischen
             Organisation.

Ziehen wir ein vorläufiges Fazit aus diesen Ausführungen, dann läßt sich konsta-
tieren: Führung und Organisation sind nicht adäquat abgestimmt mit den durch die
technische Evolution induzierten Veränderungen. Es besteht eine grundsätzliche
Diskrepanz zwischen tradierten Organisationsmustern und moderner Arbeitsorganisation. Damit entstehen zusätzliche und zum Teil neuartige Spannungsfelder
zwischen Führung und Motivation einerseits und Identifikation und Akzeptanz
andererseits.

Derartigen Spannungsfeldern sind auch die Führungskräfte selbst ausgesetzt: Mit
zunehmender technischer Kompetenz der Sachbearbeiter geht oftmals ein relativer
Kompetenzverlust des Vorgesetzten einher: Er vermag nicht mehr in jedem Fall zu
überschauen – und zu kontrollieren – welche Aufgaben mit welcher Priorität oder

gar mit welchen Hilfsmitteln erledigt werden. Er vermag nicht immer zu kontrollieren, wer mit wem kommuniziert hat und welche Weisungswege dabei „übersprungen" wurden und er wird bei der zunehmenden Komplexität der Aufgaben als Folge der sich vermehrenden Integration sich mit dem Faktum des Transparenz-Verlustes abfinden müssen.

Das Top-Management gar wird als Folge dieses Transparenz-Verlustes mehr und mehr in eine sachliche Abhängigkeit von den Experten geraten: Technokratisch geschultes Personal wirkt an den Entscheidungsvorbereitungen mit: Diese Mitwirkung kann so weit gehen, daß die Sanktionierung der Entscheidung durch den dazu verantwortlichen Manager selbst wieder prognostizierbar wird.

D. Auswirkungen auf die Führung und Organisation

Die entscheidende Frage lautet: Welche Führungsprinzipien oder welche Führungsstile und welche ihnen entsprechenden Organisationsformen sind zu etablieren, um den skizzierten Tendenzen der Wandlung und Spannung gerecht zu werden? Sind es Prinzipien der Perfektionierung unserer Bürokratien oder vielmehr jene eines gesteuerten Laissez-Faire? Aus der Chaos-Forschung kennen wir das Prinzip der „unorganized complexity", d. h. einer Systemkonzeption, bei der keine explizite Steuerung der einzelnen Systemelemente mehr gegeben ist, das System als Ganzes aber dennoch eine stabile Struktur trotz seiner hohen Komplexität aufweist.

Kann etwa dieses Prinzip einer weitgehenden Selbststeuerung auch in die Organisation eines Unternehmens eingeführt werden?

Es lassen sich einige Änderungspotentiale im Bereich der Führungsorganisation aufzeigen, die geeignet erscheinen, den sich ändernden Bedingungen gerecht zu werden.

I. Organisatorische Veränderungen

Drei Aspekte mögen hier genannt werden: Die Arbeitsorganisation, die Gruppenorganisation und die Kommunikationsorganisation.

Arbeitsorganisation

Zur Verdeutlichung sei eine schon als historisch zu bezeichnende Organisationsveränderung der IBM Corporation angeführt. Das Ereignis ist nahezu 50 Jahre alt und fand im Jahre 1943 im Werk Endicott der IBM statt. Der damalige Präsident des Unternehmens kam während eines Betriebsrundgangs mit einem Arbeiter ins Gespräch, der wartend vor seiner Fräsmaschine stand. Es stellte sich heraus, daß er auf den Einrichter wartete und er erklärte dem Präsidenten, daß das Einrichten des Werkzeugs nicht zu seinem Aufgabengebiet gehöre und er eben deshalb warten müßte. Der neugierig gewordene Präsident insistierte weiter und erfuhr so, daß auch die Kontrolle des Arbeitsergebnisses nicht zur Aufgabe des Fräsers gehörte, sondern speziellen Kontrolleuren zugeordnet war. Diese extreme Arbeitsteilung erschien dem Präsidenten nicht unmittelbar einsichtig und so initiierte er ein Programm mit dem Ziel, die Fräser sowohl im Einrichten ihrer Maschinen als auch in der Verantwortung für die Qualität zu schulen. Das Ergebnis war nicht nur im Humanbereich, sondern auch aus der Sicht der Produktivität frappierend: 1943 waren in der Bohrerei je 11, in der Fräserei je 14 Maschinenbediener einem Einrichter zugeordnet. 1946 betrug das Verhältnis 1 : 48 bzw. 1 : 52 und 1950 gab es überhaupt keine Einrichter mehr.

Die Idee des Job-Enrichment und Job-Enlargement hatte eine pragmatische Umsetzung gefunden.

Was für die Fräserei und Bohrerei hier exemplarisch demonstriert wird, kann unschwer auf mentale Prozesse unserer Organisationen übertragen werden: Stehen Datenbanken und Kommunikationssysteme zur Verfügung, dann können eine Vielzahl atomisierter Arbeitsprozesse zusammengefaßt und wieder in den Verantwortungsbereich einer Stelle delegiert werden. Es ist beispielsweise nicht plausibel, daß logistische Einzelschritte wie Bestellannahme, Bestellprüfung, Bestelldisposition, Auftragsbestätigung, Lagerentnahme, Versandpapiere und Rechnungsschreibung auf mehrere Stellen verteilt werden, wenn ein Kundeninformationssystem und ein Lagerhaltungssystem benutzt werden. Analoge Integrationsprozesse sind beispielsweise denkbar bei Konstruktion, technischer Zeichnung und Detaillierung, Normdatenverwaltung und Wertanalyse oder bei Texterstellung, Layout, Umbruch und Drucklegung. Was hier zum Tragen kommt, ist das Prinzip des Übergangs von der monotonen und routinemäßigen Einzelsachbearbeitung zur Disposition, d. h. das Prinzip der horizontalen und vertikalen Arbeitszusammenlegung, die zu einer Stellenkonzentration führt. Eine derartige Arbeits- oder Stellenintegration hat unmittelbare Folgen für das Gruppenverhalten und für die Kommunikation der Beteiligten.

Auf dem Hintergrund der Qualitätsverbesserung hat beispielsweise die Firma IBM die sogenannte BPM-Vorgehensweise (Business Process Management) entwickelt. BPM ist eine strukturierte, methodisch und IBM spezifische Vorgehensweise, um Prozesse zu strukturieren und zu dokumentieren, um die Gesamtverantwortung für jede Prozeßstufe festzulegen, die Eingabe- und Ausgabekriterien zu fixieren und exakte Verrichtungsketten zu bestimmen. Damit sollen fehlerfreie Prozesse mit hoher Durchlaufgeschwindigkeit erzielt werden, wobei in der Regel eine Konzentration einer Vielzahl von Teilaufgaben und der entsprechenden Entscheidungskompetenzen auf den Stelleninhaber erfolgt.

Gruppenorganisation

Das Organisationsprinzip der Ablauforganisation für die Zukunft lautet: Übergang von der hierarchisch orientierten Abteilungsgliederung zum autonomen Gruppenmanagement. Lauterburg (1980, Seite 203) konstatiert: „So utopisch dies angesichts der heutigen Zustände in der Arbeitswelt klingen mag: Die Institution „Chef" hat keine Zukunft. Eine wachsende Zahl von Pionierbetrieben beweist, daß die Menschen nicht naturgegeben einen Vorgesetzten brauchen, um produktiv zusammenzuarbeiten und gemeinsam zu vernünftigen Entscheidungen zu kommen."

Schon in den sechziger Jahren entwarf Likert (1961) das Modell der überlappenden Gruppen als neuen Ansatz für die Unternehmensführung.

Das Ziel derartiger ineinander verschachtelter Gruppen bestand vor allem in der Realisierung einer Direktkommunikation, die sich ohne den Umweg über die Instanzenwege vollzieht. In einer weiteren Entwicklungsstufe dieses Gedankens führt das Gruppendenken und Gruppenhandeln zu sogenannten „autonomen Gruppen": Das sind quasi Arbeitsgemeinschaften, die sich selbst steuern, das heißt, die ohne formale und hierarchisch „von oben" ausgeübte Kontrolle an der Realisierung von Aufgaben arbeiten. In Forschungsinstitutionen und Labors der Großindustrie sind derartige Entwicklungen bereits zu beobachten, die auch – bei entsprechenden Rahmenbedingungen – in die übrigen Funktionsbereiche des Unternehmens umgesetzt werden können, wie zahlreiche Beispiele beweisen (z. B. Kalmar, Topeka, LIMA). Aus strategischer Sicht des Unternehmens handelt es sich dabei um ein Kompetenz-Pooling von Resourcen.

Beide Prinzipien – Job-Enrichment bzw. Enlargement und autonome Gruppen – finden ihre Ergänzung im dritten Ansatzpunkt der organisatorischen Gestaltung.

Durchlässigkeit der Organisation

Damit ist die totale Verwirklichung des Prinzips der Querschnittsorganisation ohne bürokratische Regelung gemeint. Gerade Bürokommunikationssysteme eröffnen die Möglichkeit, das Prinzip der „Any to any Communication" zu verwirklichen.

Damit aber wird das bisherige hierarchisch geordnete System der Weisungs- und Berichtswege durchbrochen. Arbeitsanweisung – Arbeitsdurchführung – Arbeitskontrolle – im Sinne eines bürokratisch geregelten Systems von Anweisungsbefugnissen, Durchführungs- und Kontrollbefugnissen, wird nicht mehr eingehalten bzw. nicht mehr einhaltbar sein. Das konventionelle Gliederungsprinzip der Organisation nach Rang und Hierarchie entfällt, statt dessen wird die Direktkommunikation zwischen den kompetenten oder zumindest als kompetent erachteten Partnern gesucht und verwirklicht. Über das etablierte System der Hierarchie zieht sich ein Netz vielfältiger Direktkommunikationen, die formale Strukturorganisation wird quasi überdeckt durch eine unsichtbare Kommunikationsstruktur, die jeden mit jedem verbindet und sich nicht mehr an den Rangstufen des Instanzenaufbaus orientiert.

Welche Konsequenzen lassen sich aus den Prinzipien Job-Enrichment, autonome Gruppen und Durchlässigkeit der Organisation für das Management ableiten?

II. Veränderung in der Führungsorganisation

Die schleichende Evolution der organisatorischen Veränderungen bleibt nicht ohne Rückwirkung auf die Führungsorganisation. Folgende Änderungspotentiale sind erkennbar:

1. Verwirklichung des Delegationsprinzips:

Das Prinzip der Delegation als Führungssystem stellt an sich kein Novum dar. Schon in den sechziger Jahren wurde von Management by Delegation besprochen. Allerdings ist in der Praxis die unechte Delegation weitaus häufiger anzutreffen als die echte Delegation. Delegation bedeutet in Reinkultur die Übertragung von Verantwortung und Kompetenz an hierarchisch gleich- oder nachgeordnete Instanzen bzw. Stellen. Was tatsächlich anzutreffen ist, ist die partielle oder unechte Delegation, indem eben nur die Verantwortung für ein bestimmtes Aufgabengebiet übertragen wird, nicht aber die dazu erforderliche Kompetenz (z.B. Entscheidungskompetenz, Kontroll- und Planungskompetenz). Auf dem Hintergrund der sich emanzipierenden formellen und informellen Gruppen bzw. Arbeitsgemeinschaften wird es erforderlich werden, das Delegationsprinzip in reiner Form zu verwirklichen: Das bedeutet die echte Auslagerung von Kompetenzen, die den mit der Delegation Beauftragten tatsächlich in eine Position rückt, um verantwortlich entscheiden zu können. Es ist unmittelbar ersichtlich, daß sich ein tradiertes Management scheut, diese echte Delegation zu realisieren, bedeutet sie doch eine Auslagerung von Kompetenz mit der Tendenz, eigene Kompetenzen zu verlieren. Das Schlagwort von der Substitution des Managements dürfte vielleicht ursächlich dafür verantwortlich sein, daß die Bereitschaft zur echten Delegation nur mangelhaft ausgeprägt ist. Autonomie und Kompetenz (Pooling) können aber erst dann entstehen und zu praktischen Lösungen umgesetzt werden, wenn tatsächlich Kompetenzen für die Planung, für die Entscheidung und die Kontrolle übertragen werden.

2. Kommunikationsmanagement

Der alte Grundsatz „Wissen ist Macht" wird oftmals in einer falschverstandenen Weise dazu benutzt, um die Legitimation der Führung durch einen Wissens- und Informationsvorsprung zu sichern. Das tradierte Management – insbesondere auf der operativen Ebene – tendiert dazu, mit Wissen über unternehmensweite Tatbestände eine gewisse Zurückhaltung zu üben, um eben durch dieses Wissen eine höhere Kompetenz zu erlangen. Ein modernes Management wird bemüht sein, möglichst viele Informationen den durchführenden Organen zur Verfügung zu stellen, um deren Entscheidungskompetenzen zu erhöhen. Dazu zählt insbesondere der Bereich der Sekundärinformationen, d.h. solcher Informationen, die zwar nicht unmittelbar mit einer Aufgabe verbunden sind, jedoch den informationellen Kontext zur Aufgabe herstellen, z.B.: die On-Line-Verfügbarkeit von Organisations-Charts (who ist who), von strategischen Zielen des Unternehmens, von Qualitätsanforderungen und allgemeinen Richtlinien. Es handelt sich mithin um eine gezielte Delegation von Wissen an alle Mitarbeiter des Unternehmens.

3. Kooperation

Ein kooperativer Führungsstil wird durch drei Merkmale geprägt:

– Aufnahme und Akzeptanz der Argumente und Informationen der unterstellten Mitarbeiter durch den Entscheider (Entscheidungsmitwirkung)
– Delegation eines möglichst großen Freiheitsgrades bezüglich der Durchführungsverantwortung und
– Feed-Back der Ergebnisse.

Kooperation bedeutet mithin Gemeinsamkeit zwischen Entscheider und Realisator sowie permanente gegenseitige Information. Die Delegation eines möglichst großen Freiraums bei der Durchführungsverantwortung kann auch als ein gesteuertes Laissez-Faire bezeichnet werden. Die Funktionalität eines solchen Prinzips ist jedoch nur dann sicherzustellen, wenn beide Partner ein hohes Maß von Identifikation mit der Aufgabenstellung und den Unternehmenszielen aufweisen.

4. Tandem-Management

Mit Tandem-Management bezeichen wir ein duales Führungsprinzip, das aus der doppelten Management-Verantwortung – Sachkompetenz plus Personalführungskompetenz – resultiert. Die Dualität des Führungsanspruchs wird beim Tandem-Management auch personell getrennt: Der Fachpromotor – das ist der fachliche Vorgesetzte – ist zuständig für die Problemlösung im fachlichen Bereich, er übernimmt Unterstützungsaufgaben, er ist permanent ansprechbar (Management by walking around) und initiiert die sachlichen Aufgabenstellungen. Ihm parallel zur Seite steht der Social-Promotor, d.h. der psychologisch geschulte Vorgesetzte, dessen Aufgabenstellungen im psychologischen und sozialen Spannungsbereich angesiedelt sind. Seine Aufgaben konzentrieren sich auf: Konfliktwahrnehmung und Konflikthandhabung innerhalb und zwischen Gruppen, Initialisierung gruppendynamischer Lernsektionen, Hilfestellung und Beratung bei individuellen Problem- und Konfliktsituationen, Entwicklung von Analysetechniken und Durchführung von Analysen für die Früherkennung potentieller Konflikte, Demotivationen und Unzufriedenheiten, kurz: er stellt diejenige Funktion dar, die für das soziale und psychologische Spannungsfeld innerhalb eines Unternehmens bzw. innerhalb einzelner Bereiche zuständig ist. Im Tandem-Management finden selbstverständlich intensive Kontakte zwischen dem Fachexperten und dem Sozialpromotor statt, um das gemeinsame Ziel – Stabilisierung von Gruppen auch bei hoher Leistungsanforderung – zu erreichen.

5. Coaching

Mit dem Begriff „Coaching" wird eine differenzierte Förderung und Betreuung besonderer Leistungsträger innerhalb des Unternehmens umrissen. Ähnlich wie bei der Förderung von Spitzensportlern wird dabei beabsichtigt, ein Höchstmaß an individueller Förderung und Betreuung im Hinblick auf ein Höchstmaß an Leistung zu erzielen. Coaching ist selbstverständlich nicht als ein generalisierendes Schema für das Gesamtunternehmen anzuwenden, jedoch bei ausgewählten Leistungsträgern kann dieses Prinzip in Zusammenarbeit mit dem Tandem-Management realisiert werden. Man spricht auch vom 3-F-Modell, wobei die 3 F für Fördern, Fordern und Feedback stehen: Die Forderung nach hoher Leistungsbereitschaft und Leistungsergebnissen wird ergänzt durch entsprechende Förderungen im sozialen, psychischen und fachlichen Anforderungsprofil, wobei eine begleitende Kommunikation zwischen den Fordernden und den Leistungsträgern besteht.

Mit den fünf skizzierten Führungsprinzipien – nämlich Delegation, Kommunikation, Kooperation, Tandem-Management und Coaching – werden grundsätzliche Möglichkeiten aufgezeigt, um auf die Veränderungen durch die Informations- und Kommunikationstechnologien zu reagieren. Wenn diese Prinzipien im Sinne einer mittelfristigen Planung in die Realität umgesetzt werden sollen, ergeben sich daraus gewisse Konsequenzen für die bisherige Organisation und Führung des Unternehmens. Solche Konsequenzen seien abschließend kurz dargestellt:

III. Konsequenzen für Führung und Organisation

1. Abflachung der Pyramide

Damit ist grundsätzlich die Erweiterung der Kontrollspannen der einzelnen Instanzen gemeint. Die Autonomie der Gruppen, das gesteuerte Laissez-Faire und die Delegation von Kompetenz und Verantwortung führen dazu, daß die Kontrollspannen des Managements erweitert werden können und müssen. Dies hat allerdings Auswirkungen auf den Motivationsfaktor „Karriere": Wenn die Pyramide insgesamt flacher wird, dann sind für die Zukunft weniger Manager im klassischen Sinne erforderlich, d. h. die Chance, sich in das Management zu positionieren, wird geringer. Es muß sorgfältig untersucht werden, inwieweit eine Substitution dieses Motivationsfaktors durch eine entsprechend aufgewertete Fachlaufbahn realisiert werden kann.

2. Ausbildungs-Management

Die gängigen Muster der innerbetrieblichen Aus- und Weiterbildung sind neu zu gestalten. Wesentliche Kriterien eines neu zu definierenden Mitarbeiter-Ausbildungsprogramms sind dabei:

– Das Primat der fachlichen Spezialisierung muß ergänzt werden durch das Prinzip der Generalisierung: nicht nur isoliertes Fachwissen ist zu schulen, sondern darüber hinaus auch gesamtbetriebliche und unternehmerische Tatbestände, logistische Zusammenhänge und Systemwissen.

– Dem verstärkten Trend nach Gruppenarbeit muß durch gruppendynamische Trainings Rechnung getragen werden.

– Die Schulungsinhalte sind grundsätzlich auch methodisch auf Problembereiche wie Entscheidungsfindung, Nutzen- und Alternativenrechnung, Wertanalysen, Qualitätszirkel und ähnliches mehr abzustimmen.

Generalisierung, Entscheidungstraining und Gruppendynamik sind die wesentlichen Bestandteile einer zukunftsorientierten Ausbildung von Mitarbeitern.

3. *Erfolgsfaktoren*

Mitarbeiter und Führungskräfte müssen im Denken in Erfolgsfaktoren geschult
werden. Jede Funktion und jede Instanz eines Unternehmens hat ihre spezifischen Erfolgsfaktoren, die als strategische Ziele dem operativen und dispositi-
ven Mitarbeiter des Unternehmens zu vermitteln sind und die von diesen als
Ziele für ihre Tätigkeiten akzeptiert werden.

4. *Selbstmanagement*

Der Gedanke der Eigensteuerung anstelle der Fremdsteuerung muß als neue
Verhaltensweise und als neuer Motivationsfaktor in das Unternehmen getragen
und dort realisiert werden. Selbstmanagement funktioniert dort, wo Eigenver-
antwortung, Eigeninitiative und relative Liberalität in der Aufgabengestaltung
und Aufgabenerledigung praktiziert werden. Nur dann ist echte Delegation
möglich, wenn die Sicherheit und das Vertrauen in die Selbststeuerung gegeben
ist. Die Orientierung an Erfolgsfaktoren, die Freiheit in der Kommunikation,
die Selbständigkeit im Arbeitsvollzug – all diese emanzipatorischen Entwicklungen einer modernen Arbeitswelt bedingen eine selbstgesteuerte Diszipli-
nierung.

5. *Entlohnungssystem*

Die Differenzierung der Förderung und Leistung bedingt zwangsläufig auch ein
differenziertes System der Entlohnung, wobei hier mehrere Modelle denkbar
sind, wie z. B.: direkte Partizipation am Erfolg des Unternehmens, System der
außertariflichen Entlohnung, System der Sekundär-Entlohnung durch Bo-
nifikationen und Gratifikationen. Wenn wir von Mitarbeitern verlangen, daß sie
sich quasi als Sub-Unternehmer verhalten, dann müssen wir ihnen auch zu-
gestehen, daß sie in bezug auf ihre monetären Erfolgsaussichten unternehme-
risch behandelt sein wollen.

E. Zusammenfassung

Die durch die Informations- und Kommunikationstechnologie initiierten Veränderungen sind noch nicht abgeschlossen. Vielmehr ist damit zu rechnen, daß sich diese Veränderungen tendenziell verstärken, insbesondere unter dem Einfluß der Kommunikationssysteme der Zukunft. Hinzu treten neue Anforderungen an die Führung des Unternehmens durch: neue Märkte, Verkürzung der Innovations- und Produktionszyklen, technische Innovationen, die gesellschaftliche Emanzipation der Frau und neue Wert- und Leitideen nachwachsender Generationen. Dies zwingt uns, über neue Modelle und neue Verhaltensweisen im Bereich des Managements nachzudenken und schrittweise umzusetzen. Schon werden Stimmen laut, die von der Substitution des Managements oder vom Ende der Hierarchie sprechen. Interpretieren wir dies als Signale einer sich ändernden gesellschaftlichen und betrieblichen Wirklichkeit, dann ist es die Aufgabe eines modernen Managements, mit entsprechend veränderten Inhalten und Motivationen zu reagieren.

Literaturverzeichnis

ALBACH, H. (1989): Innovationsstrategien zur Verbesserung der Wettbewerbsfähigkeit. In: Zeitschrift für Betriebswirtschaft, 59. Jg., S. 1338-1352

ALBACH, H. (1991): Innovationen. A Cross-Cultural Perspective, Draft Report, Manuskript der Akademie der Wissenschaften zu Berlin, Juli.

CLIFFORD, D. K. JR. / CAVANAGH, R. E. (1985): The Winning Performance. New York.

HIPPEL, E. von (1988): The Sources of Innovation. New York.

LAUTERBURG, CH. (1980): Vor dem Ende der Hierarchie. 2. Aufl., DÅsseldorf.

LIKERT, R. (1961): New Patterns of Management. New York-Toronto-London. Deutsche Übersetzung (1972): Neue AnsÑtze der Unternehmensführung. Bern-Stuttgart.

MANSFIELD, E. (1988a): A Comparative Study of R and D, Innovation and Productivity Growth in Japan and the United States: A Final Report. Unveröffentlichtes Manuskript, Universität Pennsylvania.

MANSFIELD, E. (1988b): The Speed and Cost of Industrial Innovation in Japan and the United States: External vs. Internal Technology. In: Management Science, vol. 34, no. 10., pp. 1157–1168.

PAY, D. de (1989): Die Innovation des Wankelmotors, eine Fallstudie. Diskussionspapier der Akademie der Wissenschaften zu Berlin, Code-Nr. 03-005-89-02. Berlin.

PETERS, TH. J. / WATERMAN, R. H. JR. (1982): In Search of Excellence. New York, Toronto. Deutsche Übersetzung (1983): Auf der Suche nach Spitzenleistungen. Landsberg am Lech.

GABLER-Fachliteratur
„Innovation/Organisation" (Auswahl)

Mario Kliche
Industrielles Innovationsmarketing
neue betriebswirtschaftliche forschung, Bd. 80
1991, ca. 190 Seiten,
Broschur, ca. DM 89,—
ISBN 3-409-13653-3

Ulf D. Laub/Dietram Schneider (Hrsg.)
Innovation und Unternehmertum
Perspektiven – Erfahrungen – Ergebnisse
1991, 381 Seiten,
gebunden, DM 148,—
ISBN 3-409-13215-5

James G. March
Entscheidung und Organisation
Kritische und konstruktive Beiträge, Entwicklungen und Perspektiven
1990, 516 Seiten,
gebunden, DM 198,—
ISBN 3-409-13125-6

Thomas Petersen
Optimale Anreizsysteme
Betriebswirtschaftliche Implikationen der Prinzipal-Agenten-Theorie
Beiträge zur betriebswirtschaftlichen Forschung, Band 63
1989, XII, 294 Seiten,
Broschur, DM 78,—
ISBN 3-409-13406-9

Eberhard Seidel/Dieter Wagner (Hrsg.)
Organisation
Evolutionäre Interdependenzen von Kultur und Struktur der Unternehmung
1989, XVIII, 396 Seiten,
gebunden, DM 98,—
ISBN 3-409-13115-9

Karl-Heinz Strothmann/Mario Kliche
Innovations-Marketing
1989, 185 Seiten,
gebunden, DM 72,80
ISBN 3-409-13621-5

Theodor Weimer
Das Substitutionsgesetz der Organisation
Eine theoretische Fundierung
neue betriebswirtschaftliche forschung, Band 45
1988, VIII, 219 Seiten,
Broschur, DM 58,—
ISBN 3-409-13111-6

Zu beziehen über den Buchhandel oder den Verlag.

Stand der Angaben und Preise:
1.7.1991
Änderungen vorbehalten.

GABLER

BETRIEBSWIRTSCHAFTLICHER VERLAG DR. TH. GABLER, TAUNUSSTRASSE 54, 6200 WIESBADEN